乡村规划建设

(第9辑)

江苏省住房和城乡建设厅　主　编

江苏省城乡发展研究中心
江苏省乡村规划建设研究会　副主编
中国城市规划学会乡村规划与建设学术委员会

2019年·北京

图书在版编目(CIP)数据

乡村规划建设.第9辑/江苏省住房和城乡建设厅主编.—北京：商务印书馆，2019
ISBN 978-7-100-17756-6

Ⅰ.①乡… Ⅱ.①江… Ⅲ.①乡村规划—江苏—丛刊 Ⅳ.①TU982.295.3-55

中国版本图书馆 CIP 数据核字(2019)第 176327 号

权利保留，侵权必究。

乡村规划建设(第9辑)

江苏省住房和城乡建设厅　主　编
江苏省城乡发展研究中心
江苏省乡村规划建设研究会　副主编
中国城市规划学会乡村规划与建设学术委员会

商 务 印 书 馆 出 版
(北京王府井大街36号　邮政编码100710)
商 务 印 书 馆 发 行
北京艺辉伊航图文有限公司印刷
ISBN 978-7-100-17756-6

2019年9月第1版　　　开本 787×1092　1/16
2019年9月北京第1次印刷　印张 12¼
定价：38.00元

目　录

主题文章

1　探索有江苏特色的乡村振兴之路　　　　　　　　　　　　　　　　　　　刘大威

调查研究

10　乡村的宜居性与乡村振兴战略　　　　　　　　　　　　　　　　　　　　张尚武
17　中国13省480村乡村调查的若干体会　　　　　　　　　　　　　　　　　张　立
35　关于村庄规划内容与方法的讨论　　　　　　　　　　　　　　　　　　　李京生
46　关于农业产业发展规划的几点思考　　　　　　　　　　　　　　　　　　李笑光
57　乡村振兴战略下白鹿原地区发展研究　　　　　　　　　　　　　　史怀昱　胡小凯

实践探索

66　促进乡村发展建设的政策措施及实施机制研究
　　　　——以贵州省"四在农家·美丽乡村"基础设施建设六项
　　　　　行动计划为例　　　　　　　　　　　　　　　　　　　　邹海燕　栾　峰
78　美丽乡村发展趋势与模式初探
　　　　——以南京市江宁区为例　　　　　　　　　　梅耀林　汪　涛　许珊珊　等
90　西山地区乡村规划建设实践与反思　　　　　　　　　　　　　　段德罡　赵晓倩
101　乡建：经营与永居
　　　　——"乡村振兴战略"目标下的"浙大范本"　　　　　　　　王　竹　钱振澜
108　重塑经济地理　诗划美丽乡村
　　　　——成都市乡村规划探索和实践　　　　　　　　　　　　　　　　　　张　佳
115　乡村振兴背景下珠海市乡村规划建设管理　　　　　　　　　　　　　　　王朝晖

乡村规划

132　以道兴村，复兴南粤文明
　　　　——《广东省南粤古驿道线路保护与利用总体规划》
　　　　　简介及乡村实践案例　　　　　　　　　　　唐曦文　梅　欣　叶　青　等

143	历史文化名村保护的规划方法研究	
	——以查济村为例	胡力骏 陈 悦
151	传统村落保护规划刍议	孙 华

乡村治理

163	新时代首都乡村治理体系研究	邰艳丽 戴芳芳 卢璟慧
170	大道至简，真水无香	
	——中国古典美学、乡规民约与乡村规划实践	周 珂 顾 晶

人文随笔

184	"交换"视阈下的苗族招龙节解析	
	——兼论村落文化集体记忆的代际传递	但文红
190	世间宁有杨州鹤	叶兆言

探索有江苏特色的乡村振兴之路

刘大威

乡村振兴战略是党的十九大提出的一项重大战略，是关系全面建设社会主义现代化国家的全局性、历史性任务，是新时代"三农"工作总抓手。习近平总书记指出，"我国拥有13亿多人口，不管工业化、城镇化进展到哪一步，城乡将长期共生并存。40年前，我们通过农村改革拉开了改革开放大幕。40年后的今天，我们应该通过振兴乡村，开启城乡融合发展和现代化建设新局面。"乡村振兴既是一项紧迫的任务，也是一个长期的过程，必须在社会主义现代化建设战略目标的总体安排下，保持战略的定力和历史的耐心，同时增强责任感、紧迫感，持之以恒地抓好实施。

江苏是东部沿海发达省份，近年来积极贯彻落实中央部署，结合江苏城镇化和城乡一体化发展实际，在顺应规律、尊重民意的基础上，积极有序地推动乡村人居环境改善，促进乡村社会经济持续发展，将利民、惠民、富民落到实处，为农民建设幸福家园和美丽乡村，努力走出具有江苏特点的乡村振兴路径。

1 发展基础：江苏乡村人居环境改善实践

1.1 规划全覆盖：引导公共资源科学投放乡村

习近平总书记指出，推进农村人居环境整治，关键是要做到规划先行，哪些村保留、哪些村整治、哪些村缩减、哪些村做大，都要经过科学论证。江苏把镇村布局规划作为城乡统筹规划的重要内容，作为引导乡村公共资源配置的重要手段，作为推进城乡发展一体化和新农村建设的有效举措，全面推进落实。2006年，江苏在全国率先编制首轮镇村布局规划，编制完成了4 500多个规模较大、历史文化遗存丰厚、地形地貌复杂村庄（"三类村庄"）的村庄规划和35 000多个规划发展村庄的平面布局规划，基本实现了近期有建设需求村庄的规划全覆盖，为此后的村庄环境整治行动和美丽乡村建设奠定了良好的规划依据。

作者简介

刘大威，江苏省住房和城乡建设厅副厅长，高级工程师，中国城市规划学会乡村规划与建设学术委员会副主任委员，江苏省乡村规划建设研究会会长。

2014年,为适应乡村发展的新变化,江苏开展了优化镇村布局规划工作。优化镇村布局规划强调保护乡村原有形态和肌理,落实"慎砍树、禁挖山、不填湖、少拆房"等要求,不强求撤并村庄,不强推农民集中和上楼,在综合分析发展条件的基础上,将现状自然村庄分为规划发展村庄和一般自然村。规划发展村庄以"美丽宜居村庄"为建设目标,其中,根据村庄特点不同,规划发展村庄又分为以"康居村庄"为目标、侧重基本公共服务改善的"重点村"和以"美丽村庄"为目标、侧重村庄产业、空间、文化等特色彰显与传承的"特色村"两类。一般自然村以"环境整洁村庄"为建设目标,在村庄环境整治的基础上,建立长效保洁机制。在镇村布局规划引导下,通过实施村庄环境改善提升行动,选择规划发展村庄,以提升乡村人居环境水平为核心,以农业产业发展为基础,以加快规划发展村庄基本公共服务均等化为切入点,以农村综合配套改革为保障,通过差别化的实施政策引导,推动公共资源的合理配置和公共服务的"精准"投向,因村制宜地建设多种类型的美丽宜居乡村,实现公共资源投放有对象、服务设施配套有标准、乡村建设有侧重的城乡统筹发展目标,让农村和城市居民共享经济社会发展成果。

1.2 因村制宜:持续推进乡村人居环境改善全覆盖

2011年,江苏城镇化率超过60%,人均GDP超过6万元,二、三产业比重超过93%,已经到了加快统筹城乡建设、推进城乡发展一体化的关键阶段。在此背景下,江苏省委、省政府审时度势,将城市化战略拓展为城乡发展一体化战略,明确了"十二五"时期江苏将以"美好城乡建设行动"为抓手,以村庄环境整治为重点,推动乡村人居环境普遍改善,村庄面貌普遍提升,促进资源要素向乡村流动,努力形成城乡经济社会发展一体化的新格局。

为科学有序推进村庄环境整治行动,江苏以设区市为单位,组织了全省乡村调查,系统了解当代江苏乡村现状和农民意愿。基于调查形成的一手数据,江苏组织编制了《江苏村庄环境整治五年行动规划》(以下简称《行动规划》),按照乡村调查和农民意愿调查确定整治重点,从农民反映强烈的村庄垃圾整治、提供清洁的自来水、改善道路、清理河塘、提供公共场所等做起,不搞大拆大建,尽量不动农民房子,这既保护农民利益,也让村庄因村制宜、结合条件推进改善。

在整治工作推进中,各地坚持立足当前、着眼长远,科学编制整治方案,认真组织项目实施,保证村庄环境整治工作有力有序推进。依据镇村布局规划,将村庄分为规划布点村庄和非规划布点村庄,明确不同的整治重点和工作要求。规划布点村庄包括新建农民集中居住点和在老村基础上扩建提升两种类型,重点通过"六整治、六提升",即整治生活垃圾、生活污水、乱堆乱放、工业污染源、农业废弃物、河道沟塘,提升公共设施配套、绿化美化、饮用水安全保障、道路通达、建筑风貌特色化、村庄环境管理水平，整治效果达到"康居乡村"标准。非规划布点村庄重点通过"三整治、一保障"，即整治生活垃圾、乱堆乱放、河道沟塘，保障农民群众基本生活需求，整治效果达到"环境整洁村"标准。通过两种不同整治标准的设定，既能提升规划布点村庄公共服务水平，增加对农民群众集中居住的吸引力，又可充分利用现有资源，推动全省村庄面貌普遍改善；既可实现当前普遍改善，也有利长远可持续发展，有力推动全省镇村布局规划的实施。与此同时，兼顾苏南、苏中、苏北的区域差异，制定不同的区域整治目标，分类指导，避免不必要的建设性浪费（图1）。

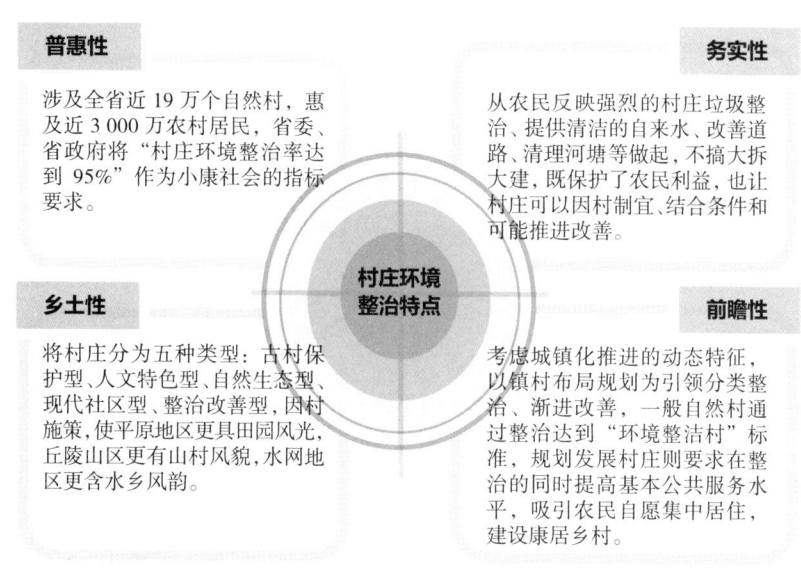

图1 江苏村庄环境整治实践特点

经过"十二五"时期的不懈努力，全省累计整治18.9万个自然村，基本覆盖了城镇建成区以外的所有自然村，乡村环境"脏乱差"局面根本改观。江苏以乡村物质空间环境改善为触媒，带动社会资源不断流入乡村，促进乡村产业发展、乡土文化传承、生态保护修复、社会治理水平提高，取得了超出预期的环境、经济、社会、文化等综合效应。2014年，习近平总书记视察江苏时高度肯定了江苏的此项工作，指示"江苏要把城乡环境综合整治坚持不懈地抓下去，走出一条经济发展和生态文明相辅相成、相得益彰的路子"。江苏以村庄环境整治、村庄环境改善提升行动为抓手，持续推进乡村人居环境改善，取得了积极的成效，实现了全省自然村环境整治的全覆盖，建设了1 000个以上省级"美丽宜居村庄"和10 000个以上市级"美丽宜居村庄"，并基本建立了长效管护机制。在2015年江苏省生态文明建设百姓满意度调查中，生活垃圾收运处理、村庄环境整治满意率分别达到89.0%和88.8%，居各项调查结果前列。

2 创新探索：江苏特色田园乡村建设实践

随着村庄环境整治、美丽乡村建设等工作实践的深入开展，乡村维护生物多样性的生态功能、保护乡愁乡土的文化功能、发展特色产业的经济功能、稳定城乡关系的社会功能以及满足诗意栖居的生活功能等多重功能和价值，正日益被越来越多的人所认知。

2017年，江苏省委、省政府创新实施特色田园乡村建设行动，着力培育特色产业、特色生态、特色文化，着力重塑田园风光、田园建筑、田园生活，着力建设美丽乡村、宜居乡村、活力乡村，努力实现"生态优、村庄美、产业特、农民富、集体强、乡风好"的目标。通过特色田园乡村建设，保护乡愁，重塑乡村文化自信，彰显塑造自然山水、乡村田园及村落传统空间特色，培育壮大乡村特色产业，挖掘中国人心底的乡愁记忆和对桃源意境田园生活的向往，重塑乡村魅力和吸引力。江苏特色田园乡村建设行动引起了全国同行和社会各界的强烈反响，认为特色田园乡村建设是江苏在村庄环境整治、美丽宜居乡村建设整合、融合基础上的提升，是江苏推动乡村振兴的创新探索和有效路径，具有重要的示范意义。从年初酝酿、试点准备到6月份省委、省政府下发行动计划以来，全省各地迅速行动，认真贯彻落实，全面推进实施。

2.1 典型示范，试点村庄选择类型多样

工作启动伊始，根据省委、省政府的统一部署，通过"自上而下"的布置发动和"自下而上"的自愿申报，选择主体积极性高、工作基础好、规划有亮点、方案切实可行的地区开展省级试点，通过一段时间的实践，形成可借鉴、可推广的多样化成果，在此基础上总结提升、面上推开。由于省委、省政府的部署契合了乡村发展的实际需要，因此得到了基层的踊跃响应。全省共有55个县（市、区）的184个村庄申报首批试点。在综合比选工作推进方案和规划设计方案的基础上，统筹考虑地域分布、地形地貌、涵盖多种农业产业类型、兼顾探索经济薄弱村脱贫等因素，最终确定了类型多样、具有典型示范意义的首批45个试点村庄。截至2018年10月，共确定省级特色田园乡村试点村庄70个。目前，第三批试点村庄遴选工作正在进行中，已公布72个候选试点村庄编制规划设计方案和工作方案，待方案评审后最终确定第三批试点村庄名单。

2.2 聚焦乡村，引导优秀规划设计师下乡

重塑乡村吸引力，需要有形神兼备、内外兼修、有特色、"有灵魂"的乡村魅力空间为支撑，需要高水平的规划设计引导塑造。为此，江苏在全国范围内优选专业水平高、乡村设计经验丰富、社会责任感强且愿意服务江苏乡村规划建设的60名优秀设计师，涵盖规划、建筑、

园林景观、艺术设计、文化策划等相关领域，汇编成《特色田园乡村设计师手册》供地方遴选。经地方自主选择、对口联系，最终确定的规划设计团队，均来自国内一流的甲级单位。首批45个试点村庄，由院士、全国勘察设计大师、江苏省设计大师亲自指导的共计31个，其中领衔设计的有20个，是历史上高水平规划设计师聚焦江苏乡村最集中的一次。从全国范围来看，如此多的院士、大师同时集中于一地投身乡村规划建设实践，也是比较少见的。各设计师团队与乡村干部群众密切配合，深入乡间地头，开展田野调查，走访村民农户，和镇村干部、农民促膝沟通，形成的乡村规划设计成果接地气，反映了农民群众的真实需求，体现了当代乡村的现实需要。为引导推动高层次设计人才持续关注乡村建设，深入乡村开展实践，江苏还规定"江苏省设计大师（城乡规划、建筑、风景园林）"评选的要件之一是要有获奖的乡村设计作品。

图2 《特色田园乡村设计师手册》

2.3 凸显特色，展示乡村个性魅力

特色田园乡村建设，需要展示个性、各美其美。在工作推进过程中，强调要把乡村所有有价值的特色资源和要素挖掘出来，结合当代发展需要进行彰显塑造、发扬光大。比如，昆山市祝甸村挖掘当地制作金砖的传统，将废弃的砖窑改造成砖窑文化馆，发展创意产业，带动乡村转型发展，吸引村民回流，努力实现历史文化遗存的当代创新利用。南京江宁区佘村是江苏省传统村落，其特色田园乡村规划设计方案没有局限于保护有限的历史建筑，而是将体现村庄发展印记的农业景观九龙埂、工业遗存石灰窑以及不同年代的民居建筑，通过精细设计组织串联予以塑造展示，使得传统村落在当代的发展演变本身成为个性特色。宿迁市特色田园乡村建设强调用好"红砖红瓦、青砖青瓦"的传统建筑元素特色以及国槐、

刺槐、皂荚等乡土树种,增加乡土性和家的味道。如皋市顾庄村发挥"户户种花木、家家扎盆景"的独特技艺优势,将特色田园乡村建设和家家户户庭院绿化美化、园艺盆景的实地展示有机融合,并搭建串联整合生产、展示、科普、交易的一体化场所和网上平台等。

2.4 汇集众智,发动社会广泛参与

为激发全社会对乡村的更多关注,提升乡村设计创意品质,共同推动乡村振兴,江苏利用"紫金奖·建筑及环境设计大赛"平台,2017 年以"田园乡村"为主题,要求设计题材均源于真实的乡村,真题实做,强调实用创新。大赛共收到来自 6 个国家和地区的 1 089 份报名参赛作品,参赛人员逾 5 000 人次,是大赛举办 4 年来作品和人数最多的一年,折射出特色田园乡村得到的社会关注和专业认同。同时,"我苏"网还开辟"特色田园乡村,规划由你做主"专题栏目,就首批试点村庄的规划设计方案征集乡贤以及社会各界的意见和建议,收到海内外乡贤的网络评论和意见反馈超过 6 000 条。为发挥乡村工匠在特色田园乡村建设中的作用,江苏利用"首届江苏乡土人才传统技艺技能大赛"的平台,专门组织了传统木作、瓦作两个专项赛事,获奖选手将获得"江苏传统技艺技能大师"荣誉称号以及高级技师职业资格。

特色田园乡村的建设推动,在广度上涉及多部门、多角色,需要集众智、汇众力;在深度上涉及省市县镇村组多个层级,既注重发挥"自上而下"的组织推动作用,强化制度设计、工作指导,避免"一哄而上""一哄而散",或搞成"千村一面";又符合乡村实际和农民需要,突出"自下而上"的自主实施作用,强化农民的主体地位和村民自治组织建设,不搞政府"大包大揽",鼓励基层创新实践。2018 年召开的省委十三届三次全会,对江苏省特色田园乡村建设工作的试点思路、试点定位做了充分肯定,同时也为特色田园乡村建设进一步指明了方向,赋予了更重的引领责任。此外,江苏开展特色田园乡村建设行动以来,也得到了媒体的高度关注和业界的积极评价。如《中国建设报》在头版整版以"中国梦的乡村复兴之路——江苏启动特色田园乡村建设行动"为题作深度报道,并分别引述住房和城乡建设部原总规划师、中国城市规划协会会长唐凯和中国建筑学会理事长修龙的评述:"特色田园乡村建设是新时期国家发展的重要内容,它绝不是一个乡村美化行动,而是现代化建设新阶段的一场深刻革命";"江苏不仅率先提出了开展田园乡村建设的时代命题,而且正在整合各种资源,包括专业力量致力推动,这样的责任感和使命感让我很受感动"。

3 发展展望:实施乡村振兴战略,深入推进美丽宜居乡村建设

中央农村工作会议按照党的十九大提出的全面建成小康社会、分两个阶段实现第二个

百年奋斗目标的战略安排，明确了实施乡村振兴战略的"三步走"时间表，为江苏乡村建设指明了方向。关于特色田园乡村建设，要在试点基础上推动更多的规划发展村庄开展面上特色田园乡村示范建设；关于农村人居环境整治，要通过村庄环境改善提升行动实施，积极引导其他规划发展村庄建设"美丽宜居村庄"，"一般村"要保持干净整洁，建立长效的环境管护机制。2035年前，农业农村现代化基本实现，尽可能多的乡村创建为特色田园乡村，其他自然村全部建成"美丽宜居村庄"。到2050年，城镇化进入相对稳定的阶段，城乡人口流动相对平衡，城乡空间基本稳定，城乡资源要素配置相对均衡，城乡高度融合；到那时，农业成为有奔头的产业，农民成为有吸引力的职业，农村成为安居乐业的美丽家园。

3.1 以高质量设计引领美丽乡村建设

推动市县结合乡村振兴规划编制，在优化镇村布局的基础上，以县（市、区）为单元编制美丽乡村建设规划，将乡村振兴战略的有关建设意图统筹部署落实在县域空间上。同时，对于近期有建设需求的规划发展村庄，要逐步推动"美丽宜居村庄"规划设计工作，通过高质量的设计引导更高水平的美丽乡村建设，体现乡村的自然之美、乡土之美。

3.2 深入开展苏北农房条件改善工作

针对苏北地区农民群众住房质量普遍不高等突出问题和短板，根据省委、省政府印发的《关于加快改善苏北地区农民群众住房条件推进城乡融合发展的意见》的要求，组织编制《江苏省美丽宜居村庄规划建设指南》《苏北传统民居调查案例选编》以及苏北五市《农房设计方案汇编》等系列技术指引和图集，科学引导农房建设和村庄特色风貌塑造。同时，组织全省优秀农房设计方案征集评选活动，优选与编制一批优秀的新建农房设计方案和既有农房风貌改造设计方案，编制形成《江苏省新时代农房设计方案图集》，方便基层工作指导和广大农民建房时参考选用。同时，通过兼顾不同地域分布、不同建设方式的农房建设示范项目，发挥典型示范带动作用，推动高质量的农房建设，逐步引导具有地域特点、乡土特色、时代特征的高品质农房和乡村特色风貌的形成。

3.3 扎实推进特色田园乡村建设行动

在开展试点的基础上，适时总结经验，推进面上创建，让更多的"特色村"和有条件的"重点村"创建成为特色田园乡村。同时，进一步丰富特色田园乡村建设内涵，注重改革的系统集成和深度推进，在推进"集体强"方面不仅要关注集体经济，还要更多关注集体的治理能力。并按照习近平总书记的要求，坚持"物质文明和精神文明一起抓，特别要注重提升农民的精神风貌",提升农村居民素质。按照省委、省政府工作部署,未来5年,在着力抓好100个省级试点的基础上,在全省逐步开展面上创建工作,为乡村振兴提供更多可复制、能推广的经验。

3.4　持续推动乡村基础设施改善提升

结合国家实施的农村人居环境整治三年行动的导向要求,重点推动提升乡村公共服务水平,将"重点村"建设成为"美丽宜居村庄"。一是继续实施农村危房改造。2019年年底,基本完成全省所有已申请建档立卡贫困户等四类重点对象危房改造任务。二是继续推进村庄生活污水治理。力争到2022年实现苏南地区规划发展村庄、苏中地区行政村村部所在地村庄、苏北地区规模较大的规划发展村庄生活污水治理覆盖率达到90%以上,建立村庄生活污水处理设施运行保障机制。三是有序开展村庄生活垃圾分类试点。力争到2022年,苏南有条件的农村基本实现垃圾分类收运、有机易腐垃圾就地生态处理,其他每个涉农县(市、区)至少有1个乡镇开展全域垃圾分类试点示范。四是保护发展传统村落。力争到2022年,有效保护1 000个左右省级传统村落和传统建筑组群。

3.5　创新支持乡村发展建设体制机制

一是建立完善乡村工匠制度。建立乡村工匠培养激励机制,加强跟踪指导服务,对有突出贡献的给予奖励。二是推动建立优秀规划师、建筑师下乡服务乡村机制。在优秀勘察设计评选活动中,将乡村各类设计项目单列评选表彰,鼓励引导优秀人才更多地投身乡村实践。同时,将有获奖的乡村设计作品增设为"江苏省设计大师(城乡规划、建筑、风景园林)"评选条件之一。三是鼓励推动施工企业在乡村建设精品工程。调整"江苏省'扬子杯'优质工程奖"评选条件,增设乡村类建设项目评比,鼓励优秀建造企业在乡村建设"小而美"的精品工程。四是推动地方探索设计师负责制。建立懂农业、爱农村、爱农民的设计师名录,鼓励地方推动建立乡村设计师制度。五是创新乡村规划建设的工程建设管理制度。针对乡村特点,探索建立既简捷高效、又程序规范的立项、招投标、质量监督等项目建设管理制度。

4　结语

2017年,江苏城镇化率为68.8%,即将进入城镇化稳定发展期,迈入重塑城乡关系关键阶段。在此关键节点,如何探索推进乡村振兴实践、重构新型城乡关系,彰显、激发、重塑乡村价值,提升乡村内生活力,已成为历史的必然选择,已成为当今时代的迫切需求。正如习近平总书记所深刻指出的,"农村是我国传统文明的发源地,乡土文化的根不能断,农村不能成为荒芜的农村、留守的农村、记忆中的故园。"乡村振兴是一项系统工程,需要较长时期的建设,需要政策、人力、物力、财力全方位的投入与支持,"急不得",更"慢不得",当代江苏乡村设计者、管理者、建设者要在乡村振兴的过程中,以好理念、好规划、好设计、好队伍、好建设、好管理,才能建成经得起历史检验的好作品,成为未来的传统乡村,才能让今天的建设,成为明天的文化景观!

乡村的宜居性与乡村振兴战略

张尚武

摘　要　文章从乡村人居环境可持续发展视角，探讨乡村宜居性与乡村振兴战略的内在关系。乡村宜居性包含物质生活和社会生产两个层次，当今农村地区发展面临的最大挑战就是乡村人居环境的退化和宜居性的丧失。提升乡村宜居性不仅是物质环境更新、生态环境修复，更重要的是社会生产功能重建的过程，这是赋予乡村以生命力的本质。文章结合需求层次理论，提出宜居性是乡村振兴的基础维度，乡村地区宜居性的修复包含基础保障、提升吸引力和提升竞争力三个层次。

关键词　乡村人居环境；乡村的宜居性；乡村人才振兴；乡村振兴战略

1　为什么谈乡村的宜居性

谈到乡村宜居性，首先从我最近去过的两个村庄说起：一个是江西婺源的延村，一个是山西岚县的长门村（图1）。延村是国家历史文化名村，村庄西面曾有一座书院，但早已不复存在。延村也是中国城乡规划学科创办人金经昌先生的家乡，金先生少年时代正是在这里受的教育，直到18岁才离开延村前往上海同济求学。除了金先生，延村的金姓家族还出了三位院士，这里曾经的乡村教育确实令人惊叹。另一个是长门村，我们去的时候了解

图1　婺源延村（左）和岚县长门村（右）

作者简介

张尚武，同济大学建筑与城市规划学院副院长、教授，上海同济城市规划设计研究院有限公司副院长，中国城市规划学会乡村规划与建设学术委员会主任委员。

到村里已经无法办学，最后一个孩子也跟着老师离开了村庄，村里的小学将改为敬老院。两个案例、两个时期形成了巨大的反差，过去的乡村具有教育功能，但目前这种教育功能已经丧失，农村已经不太可能培养出受过良好教育的"人才"。

由此想到两点。一是，理解乡村振兴战略关键是对乡村生命力的认识。什么样的乡村才能生生不息？曾经的传统乡村有着与城镇无差别的人居环境，尤其是乡村具有教育功能，能够培养人，城乡之间形成了功能互补关系，形成人力资源、资本、知识的良性循环。乡村有着完整的、与城镇相比同等优越的社会生产功能。一个人可以在农村成长和接受教育，成年后在城市发展，晚年又回到农村养老。在欧洲国家，城乡之间也形成了这样一种个人在城乡之间循环流动的模式。这种情况下的乡村是具有竞争力的，农村具备良好的生活功能和物质生产功能，更关键的是，农村具备教育、传播知识的文化生产功能。

二是，如今谈乡村振兴，人才振兴是关键。是不是应该从乡村的宜居性开始思考？乡村振兴战略的"五个振兴"中，首要的就是人才振兴。如果没有人才，就不可能有农村的产业和社会发展，更不会有乡村振兴。一个地区吸引人、留住人的关键之一就是要有宜居性，因而需要思考宜居性与乡村振兴的关系。

2 宜居性的内涵

什么是宜居性？可以简单地理解为人们的生活环境，更确切地讲，是相对于个体而言，一个地区的生活质量和发展机会。具体包含物质生活和社会生产两个层次的内涵。

从狭义来看，是指物质生活环境。这是人居环境宜居性的基础，比如居住安全、卫生条件、住房条件、生活设施配套条件等，这是满足基本生活需求的保障。目前住房和城乡建设部正在推动的《农村人居环境整治三年行动方案》，主要关注的是这个层面的内容，包括农房改造、厕所"革命"等。

从广义来看，是指社会生产环境。宜居性不仅包括生活质量，还包括个人发展机会。第一个层面的宜居性主要是居住生活，而第二个层面的宜居性则与广义的生活相关。生活在农村不仅需要住得舒适，还要能够满足个体发展的需求，即要具备创造物质财富和精神财富的社会生产功能，这是讨论乡村宜居性更加值得关注的内涵。

在过去二十多年的时间里，宜居性是国际上针对全球竞争广泛讨论的话题。就城市而言，一个城市的宜居性决定了这个城市有没有竞争力。尽管宜居性概念并没有统一的定义，但普遍认为吸引人并能够提供良好的发展机会是衡量城市宜居性的重要标准。道格拉斯（Douglass，2002）认为城市宜居性至少有四个基本内涵：①通过自己的才能和对福利（如健康、教育）的投资，所有城市居民享有广泛的生活机遇；②所有的家庭和劳动力都拥有有意义的工作和谋生机会；③安全而清洁的环境；④良好的城市治理，通过政治和公共努力，实现包容、参与、伙伴和透明的关系。

对农村的宜居性而言，能否成为个人理想的生活家园，首要的是具备与城市均等的生活质量、公共服务和平等的发展机会，具备安全、清洁、舒适的居住环境。农村不仅是高效的农业空间，也是创新创业空间，可以获得充分的收入保障，形成共治共享的社会环境。正如2018年中央一号文件所描绘的，要让农业成为有奔头的产业，让农民成为有吸引力的职业，让农村成为安居乐业的美丽家园。

3 当今乡村宜居性的退化和丧失

当今农村地区发展面临的最大挑战就是乡村人居环境的退化和宜居性的丧失。在城镇化和工业化的冲击下，城乡发展效率差距造成城乡经济要素的单向流动。同时，以城市为中心的社会资源配置方式，加剧了城乡社会发展的差距。传统城乡发展关系失去平衡，形成恶性循环。

农业、农村经济地位下降，经济发展落后，导致农村人口流失，特别是青壮年人口流失，农村出现老龄化和空心化。传统社会结构瓦解，社区自治能力下降，集体经济弱化，主导传统乡村社会治理的乡贤阶层不复存在，社会松散，这对农村来说是非常致命的。此外，生活质量难以保障，农村地区公共服务和基础设施建设滞后，而公共服务的规模化配置与分散的农村分布形态之间的矛盾难以有效解决，进一步加剧了农村地区发展落后。现在很多地方已经出现村不办小学、镇里不办中学的局面。

乡村地区的生产功能、生活功能、生态功能、文化功能的退化，造成乡村人居环境丧失了宜居性，个人失去发展机会，带来的是乡村必然走向衰退。

4 从宜居性视角认识乡村振兴战略

4.1 为什么要实施乡村振兴战略

我国的社会经济发展已经进入历史性变革时期，十九大报告做出了我国社会发展矛盾已经发生了根本性转化的重要论断，提出从高速增长转向高质量发展是我国建设社会主义现代化强国的基本路径。国家的现代化，从空间地域来看，既包括城市的现代化，也包括乡村的现代化。现阶段我国城乡差距还很大，"三农"问题是我国从高速度转向高质量发展过程中最大的不平衡不充分问题。十九大报告明确指出"三农"问题是关系到国家长远发展和国计民生的大事,将实施乡村振兴战略放在构筑国家现代经济体系中的突出位置。此外,十九大报告没有专门阐述城镇化战略,而是提出乡村振兴战略,反映了乡村发展在国家现代化建设中的意义,以及对城镇化和城乡发展关系的新认识。

有效应对"三农"问题是中国实现"两个一百年"奋斗目标的艰巨任务和最大挑战。2017年我国的城镇化率已经超过58%,农业在整个国民经济中的比重只占8.6%,但农民仍占总就业人口的27.7%,意味着接近1/3的人口只占8%的产出。按照城镇化水平计算,农村人口比例接近42%,大约有5.89亿人,再加上2.81亿的农民工,这部分农民工并没有变成市民,而是游离在城乡之间,造成农村家庭的瓦解以及农村留守老人与留守儿童现象。如果"三农"问题不能很好地解决,不仅影响农村社会的稳定与现代化,最终也将会成为国家现代化进程的制约因素。从大量发展中国家的实践看,出现"过度城市化"现象和落入"中等收入陷阱",很大程度上正是因为城乡转型的矛盾难以化解。

4.2 如何认识宜居性与乡村振兴战略的关系

乡村的宜居性是相对城市而言的,更是相对个人而言的。马斯洛的需求层次理论指出了个人发展需要的阶梯关系:第一层次是生理需要,满足温饱;第二层次是安全需要,人身安全、健康、财产保障等;第三层次是归属与爱的需要,社会交往需求和归属感等;第四层次是尊重的需要,在获得自尊的同时,也能获得社会的尊重;第五层次是自我实现的需要,在追求理想中能够实现自我价值。

十九大报告提出乡村振兴总体目标,即"产业兴旺、生态宜居、乡风文明、治理有效、生活富裕"20字方针。从乡村宜居性角度理解,该方针存在一定的逻辑关系,大致可以分为三个维度。

第一是基础维度。首先,是"生态宜居",保障生活质量的物质环境,对应的是狭义的乡村宜居性概念;其次,是"治理有效",培养乡村的社区共识和凝聚力,形成共建、共治、共享的基层治理环境,增强乡村社区的集体组织能力和发展集体经济的能力是关键内容;最后,是"乡风文明",乡村地区形成积极向上的社会文化氛围。第二是支撑维度,即"产业兴旺",是实现乡村振兴的手段。第三是目标维度,实现"生活富裕",是从最高层次提出的乡村振兴的目标。

其中,宜居性是乡村振兴的基础维度,包括从"生态宜居"到"治理有效"再到"乡风文明"三个方面,涉及物质生活环境要求,也包括社会发展能力的要求,是乡村吸引人、留住人和实现可持续发展的本底条件。在基础维度之上是"产业兴旺",没有产业振兴的支撑,就谈不上"生活富裕"。而"生活富裕"是乡村振兴的目标和理想。

4.3 多方面把握提升乡村宜居性的机遇

从宏观趋势和历史视角来看，在城乡社会转型的过程中乡村地区的衰退是难以避免的，许多经济发达国家也面临着乡村复兴的种种矛盾。对此，国内学者针对我国的城乡发展环境，提出城市"精明增长"和乡村"精明收缩"的发展理念。既要认清现阶段我国经济社会发展特点、主要矛盾、调整要求以及乡村地区的发展规律，也要从多方面积极把握好提升乡村宜居性的机遇。大致有以下几个方面。

第一，是国家战略带来的政策机遇。这是通过体制优势推动乡村振兴的最大机遇。乡村振兴离不开国家公共政策导向的推动，保障农村农业优先发展是当前国家战略的重要导向，由"城乡统筹"转向强调"城乡融合"发展，2018年中央一号文件提出由过去的"以城带乡、以工促农"转变为形成"工农互促、城乡互补、全面融合、共同繁荣"的新型工农与城乡关系，不是过去"城市先发展，而后带动乡村"的关系，而是要在现代化进程中实现城乡的同步发展。

第二，是科技发展带来的机遇。提升乡村地区现代化生活水平离不开科技手段，包括生活、交通、教育、信息技术等领域的科技支撑。比如通过发展绿色基础设施提升农村环境卫生条件，通过发展交通技术改善农村的可达性，通过在线教育等方式提高农村居民受教育条件等。更加重要的变革来自科技发展带来的生产方式转变的机遇，互联网经济正在极大地促进城乡产业的融合，特别是和农村农业的结合改变了传统空间区位下的农村发展条件，将会大大增强农村地区响应市场环境的能力，让农村地区不再是"偏远地区"。

第三，是社会转型带来的机遇。人是推动地区发展的根本力量，通过人口在城乡之间的双向流动来提升农村发展机会。目前，我国人口流动已经不再是过去的单向流动，越来越多的返乡人流正在出现，不仅包括回乡的农民工，还包括许多"下乡"发展的大学生、职业农民、科技工作者等。除了传统的农业和农村产业，乡村地区在逐步转变为具有创新创业功能的地区，这种格局正在慢慢形成。

第四，是生活消费方式改变带来的机遇。人们的生活方式与消费需求正在改变，对高品质生活环境的追求让农村地区的生态环境价值得以被重新认识，绿色消费、体验消费、文化消费等的兴起，正在让农村变成有吸引力的地方。此外，随着学习型社会的到来，教育不仅仅局限在传统的校园内。在农村地区开展自然教育、文化教育，让城里人到农村去体验自然，已经在大城市周边农村地区变得越来越常见。挖掘传统文化，传承中华文明，也受到越来越多城里人的关注。这些独特的教育功能在农村地区的发育，将会对农村的发展起到重要的促进作用。

5　修复乡村宜居性与实现乡村振兴的愿景

有效应对"三农"问题和实现乡村振兴，是一项长期性的挑战，不可能一蹴而就。现阶段碰到的各种矛盾，若干年后可能还会存在，并且还会不断产生新变化、新问题，即使是发达国家，也仍旧存在着大量的乡村问题。因此，需要从长远的视角关注乡村宜居性与乡村振兴的关系，关注乡村的宜居性及其层次性在实施乡村振兴战略中的意义和作用，通过提高乡村地区的宜居性，改善乡村地区的人居环境，从而为实现乡村地区可持续发展和乡村振兴奠定基础与条件。

从长远角度修复和提升乡村宜居性，包含三个层次。

第一个层次，是让乡村留得住人，这是基本保障层次。满足生计需要和生活尊严，保障基本的现代化生活条件，包括住房安全、公共服务、基础设施、能源供给等，在生活质量上缩小城乡发展差距，为农村创造更多的发展机遇。现在推行的《农村人居环境整治三年行动方案》、扶贫攻坚提出的"两不愁三保障"等都是从这个层次提出的。当然，不同地区的基本保障标准是不同的，如贫困地区和相对发达地区的差别。

第二个层次，是提升乡村吸引力，让乡村能够吸引人。实现城乡功能互补、融合发展的格局，要保持乡村的特色和差异性，如良好的自然景观、环境优势、风貌特征、文化传统等，这是与城市形成互补并逐渐走向城乡融合的重要基础。

第三个层次，是提升乡村竞争力，让乡村能够培养人。乡村曾经是人类文明的摇篮和文化发展的源头，重赋乡村文化与教育功能，让乡村回归并重新具备孕育文明的功能，是乡村真正获得生命力、获得可持续的竞争力、真正实现发展振兴的根本。

6　结语

本文对乡村宜居性与乡村振兴战略内在关系的探讨，可以归纳为以下三个方面的观点。

首先，需要从人的发展需求视角理解乡村宜居性与乡村未来的关系，通过提升宜居性使乡村重新成为实现美好生活的家园。要认识到没有人就没有乡村的未来，没有宜居性就不可能支撑乡村的振兴。

其次，乡村振兴是为了缩小城乡差距，"生活富裕"是目标，"产业兴旺"是手段，而提升宜居性（包括"生态宜居""治理有效""乡风文明"）是基础。

最后，提升乡村宜居性不仅是物质环境更新、生态环境修复，更重要的是社会生产功能重建的过程，这是赋予乡村以生命力本质。

参考文献

[1] Douglass, M. 2002. From Global Intercity Competition to Cooperation for Livable Cities and Economic Resilience in Pacific Asia. *Environment and Urbanization*, Vol. 14, No. 1.

[2] 张尚武:"城镇化与规划体系转型——基于乡村视角的认识",《城市规划学刊》, 2013 年第 6 期。

[3] 赵民、游猎、陈晨:"论农村人居空间的'精明收缩'导向和规划策略",《城市规划》, 2015 年第 7 期。

[4] 朱鹏、姚亦锋、张培刚:"基于人的'需求层次'理论的'宜居城市'评价指标初探",《河南科学》, 2006 年第 1 期。

中国13省480村乡村调查的若干体会①

张 立

摘 要 本文基于同济大学和全国10所高等院校及规划院于2015年7—11月联合完成的13省农村调查，对基本情况、村民满意度、人口老龄化、人口流动、安居与乐业、农村住房、环卫保洁、传统村落、规划编制、机制建设等展开了探讨。

关键词 农村；差异；人居环境；机制

近年来，我国各级政府持续加大对农村、农业和农民的投入，以改善农村的民生。2015年4月，住房和城乡建设部（以下简称住建部）启动农村人居环境基础性研究课题，"我国农村人口流动与安居性研究"是其中的第一个课题，同济大学（上海同济城市规划设计研究院）经过遴选，中标成为主持单位。为将该课题做得更加深入和扎实，同济大学邀请了（拼音为序）安徽建筑大学、长安大学、成都理工大学、华中科技大学、内蒙古工业大学、山东建筑大学、沈阳建筑大学、深圳大学、苏州科技大学和西宁市城乡规划设计研究院一起展开了相关研究工作。

1 研究方法

考虑到乡村地区基础资料的匮乏，研究团队采取了社会调查的基本研究方法。围绕农村人居环境问题，调查内容主要分为三个部分：第一部分是进行村庄、村民和农村人居环境的踏勘；第二部分是对重点对象的访谈，作为踏勘数据的重要支撑，即对村支书、村主任、主管县长及职能部门领导以及各省的省厅村镇处处长或主管村镇的副厅长的访谈；第三部分是大数据的研究工作，住建部从2013年年底开始汇总全国的农村人居环境信息数据库，全国60多万个行政村的大数据库可以说已经建立起来，今年正在启动第二轮的数据收集整理工作，因此这个大数据库的分析研究也是我们工作的一部分。

研究工作的基础核心内容是田野调查。我们根据各个省市的不同情况，在和地方高校或地方协作单位沟通后，每个省份选择30—50个行政村，分布在5个县以上，以确

作者简介
张立，同济大学建筑与城市规划学院副教授，中国城市规划学会小城镇规划学术委员会秘书长。

保这些村基本能够代表该省份的整体发展情况。工作内容的第一部分是对村民的访谈，我们为此提供了问卷提纲，每一个行政村原则上要求调查20户的村民（牧区、山区等特殊情况可以适当减少），全部由调研人员亲自入户进行调研，每一户要留两张照片，一个是家庭环境照片，一个是访谈对象照片（征求过采访对象同意后进行拍摄）（图1）。第二部分是对村支书或村主任的一个访谈，同时我们要求调研人员拍摄每个村子的环境照片、公共设施照片，以利于后期对村庄有更加真实深刻的认识。数据本身是冰冷的，但照片是鲜活的。

图1 调查工作照

另一部分要考虑的是我国农村的现实特点，即空心化非常严重。这样我们能够直接调查的农村人口大部分都是留守人口，但是仍有一部分农村人口其实很重要，就是已经流出的人口，即所谓的农民工。这一部分群体我们通过调查城市中劳动力密集的企业来弥补。一般选择用工量超过100人的企业，对它们的职工发放问卷。这些问卷的发放相对简单一点，因为员工文化层次会（比农村留守人口）稍高，通过企业的人事部门下发，每一个企业根据其招工情况，20—200份不等。此外，我们对企业的主管人事的领导也做了比较深入的访谈，大部分的企业都是企业经理或主管人事的副经理接待我们，他们对企业情况非常熟悉。

更重要的调查内容是对省住建厅及县政府职能部门的座谈。我们去的各个县，原则上要求访谈主管村镇建设的领导（因为他们对各个方面的了解也较深刻一些）以及跟村镇发展相关的职能部门，比如建设局、规划局、农业局、扶贫办、畜牧局等。同时我们也提供了一份资料清单，请各部门提供相关资料。这其中更重要的是对每一个省住建厅（村镇处）的访谈，从这里我们可以掌握一个省份的政策情况（当然省里对农村建设的部门很多，还有其他省厅，囿于工作协调的难度，并没有一一拜访）。从下到上，应该说从村民到村书记，到县长，到省住建厅，一个完整的层次我们都进行了调查、访谈，最主要的这是一个面对面的访谈调查，是一次半结构化的田野调查。

这次调查中我们在方法论上也有所创新。过去做村庄调查或者村庄研究，一个难点就是村庄的分类。农村的差异性非常大，一个类型、两个类型、三个类型，几十个可能都不行。所以这次调查，除了按照省份分类以外，我们建立了一个矩阵表，在地理属性、经济属性、社会属性、空间属性各方面一共列出12个属性，每一个属性有2—5个选项。也就是说，我们调查的每一个村庄甚至每一个村民，它在这张属性表中是有12个属性的。这样，在后续的研究工作中，比如说关注到少数民族的村落，就把少数民族的村落信息提取出来，关注到平原地区的村落，就把它调出来，关注到落后地区的村落，也是一样操作，这样可以简单而系统地完成40多个类型的村庄研究。

在田野调查的同时，我们还向县市和省厅发了调查资料清单。这次田野调查虽然是采取问卷调查的记录形式，但因为农民的认知能力、文化程度以及语言理解能力非常有限，实际上针对村主任和村民的每一份问卷都是通过访谈的形式来完成的。过去已有的农村调查经验表明，农村跟城市的情况截然不同，如果仅仅给各个县或镇政府发放问卷，通过村支书下发然后再回收上来，这样的方式对我们而言工作量最小；但过去的实践经验证明，该模式搜集来的问卷作用并不大，因为大部分村民的语言和文字能力很弱，问卷一半甚至九成以上都不是村民自己填写的。所以，此次调查［个别文化程度高的村民（不超过5%）除外］要求专业调研人员将每一个问题给村民解释清楚，几乎所有问卷都由调研人员亲自记录完成。

这次大规模的调研，一共覆盖了全国13个省份，每一个地区的调研人员各不相同，如何协调好是工作难点。为了确保调研质量，我在调研之前都会前往各个省份对调研人员进行前期培训，提供调查的纲要、问卷及信息录入的模板。调研的第一周我们向每个省份派出有经验的研究生或老师，他们是跟我做了几年调查的研究生助手或同事，他们去跟进各个省份的调研，有利于后期数据的处理以及信息的整理，并可传授一些调研技巧和方法等。我们的调研省份包括安徽省、湖北省、江苏省、广东省、辽宁省、四川省、陕西省、云南省、山东省、青海省、贵州省、上海市、内蒙古自治区共13个省份。可以说，目前为止13个省份基本能够代表全国各地的特征。

此次调查的村庄共 480 个，7 578 个村民样本，28 593 个家庭成员样本，493 个有效企业职工样本。以下跟大家谈谈我在这次调查工作中的十点初步体会。

2 调查体会

2.1 基本情况：发展差异之大超出预想

尽管我们都知道农村的发展有差异性，但是经过实地调研，这个感受更加深刻。

其一是自然条件的差异。地形、气候、灾害这些环境条件各个省份差异性非常大，农作物和农产品具有区域特色，矿产、旅游等资源禀赋各个地区差异也非常大。就地形差异而言，其与村庄的发达程度有一定的关系：平原村好于丘陵村，丘陵村好于山地村，大体是这个关系。当然，这只是一个面上的分析。自然条件的差异可以说是农村发展差异的根源之一。

其二是基础设施及公共服务设施条件的差异。比如，水、电、气等公用设施，在发达地区基本上较为完善，在落后地区这些工作也正在推进。我国改革开放已 40 年，但大量的贫困地区（比如说云贵地区）才刚刚通电通路，有些地区仍使用山泉水。这意味着什么？意味着这些村子最近几年才能够接收外面的信息，才能够像我们一样看电视，去接收现代文明。此外，并不是说这些基础设施在农村布下去，这个村子的问题就解决了，这些村庄即使通水通电，它面临的发展问题依然巨大。城乡文化的鸿沟不是短时间内可以跨越的。

再比如道路建设和公共交通。仍然有一部分村庄，即便行政村，也还没有做到对外交通或道路的硬化，也就是说机动车很难进村。再者是自然村，尤其西部山区一个行政村下辖若干自然村，这些自然村的对外交通依旧很落后，内部道路也很不完善，基本的生产、生活设施差异非常大。

更重要的设施是小学等教育设施。前几年农村地区对学校的撤并力度非常大，应该说无论是山区、平原还是丘陵地区，小学基本都经历了一轮较大规模的撤并，很多村小都撤掉了。这个撤并当然是为了强调服务效率，节省政府的投入成本及提高教学质量。但实际上对农村地区而言，它的冲击相当大。因为我们经常会说撤并是为了提高教育水平，但是对农村地区来讲，尤其落后的农村地区，它可能更重要的是一个"如何让村民能够方便地享有教育的权利"。这些山区撤并学校以后，大量的地区，要不就是母亲陪着，要不就是为了照顾小孩接受更好的教育，全家陪着到镇上甚至县城去住。如此农业生产就会受到非常严重的影响，这个影响程度到底多大？又该怎么解决？这个问题值得我们思考。

又如文体、卫生、养老等公共设施。随着农村地区的老龄化和空心化，农民对公共服务的需求量不断加大，但实际上供给和管理的各方面依旧存在非常大的差距。

其三是农村的污水排放、沟渠治理、垃圾清运等问题非常突出。不仅是欠发达地区，发达地区在垃圾治理、环境治理方面的问题也非常大。比如说中国经济最发达的省——广东省，珠三角外围与珠三角内部的发展差异相当大，农村的垃圾治理前两年刚刚开始，这个工作进一步改进的余地还很大。其他一些经济相对较弱的省份，这些问题仍然同样突出。

其四是人的发展能力的差距。这个差异就更大了，家庭收入、村民的学历等，在不同地区差异很大。在西部地区，有一定量的访谈对象与我年纪相若，但仍然是文盲，这使我们非常惊讶。为什么会出现这种现象？要怎么办？这是一个非常艰难的课题。

村民对城镇化意愿和迁移的选择。对我们而言，研究农村人口流动无外乎是看他要流向何方。城镇化要去镇里、县里，还是城市里，等等。这个差异也非常大。实际上，这次农村调研之前，我对现在的中国城镇化是有一个初步的思考或者判断的，之前不太确认，这次农村跑下来，可以有底气地说，"农村人口的城镇化动力现在可能到了一个转折点"。我们知道，如今在二三线城市以及四线城市，新区或者新建住房的市场非常不景气，没有人愿意买新房。从农村的视角来看，这可能与村民的城镇化能力有关，换句话说，再新增城镇人口很困难，因为他的购买力或积蓄难以支撑他在城市的生活，这不仅仅是户籍的问题，这个问题我们会做进一步的思考。

社会文化和思想观念的差异。西部落后地区或山区村民们的思维方式及其观念的活跃程度，都跟东部等发达地区有着非常大的差异。

其五是地方管理的差异。各个地方的重视程度不一样，并不是说发达地区富裕了，或者是经济发展了，就更加重视，不发达地区就反之。实际上，我们考察的一些省份，虽然经济整体相比并不是很发达，但是各级政府部门对农村或者乡村人居环境的重视程度非常高。直观感受是，农村受到重视的地方，其人居环境建设相对好一些。这个重视的层面也有差异，如果从省级层面去重视这事情的话，全省的农村工作会相对好一些。比如说四川省的城乡一体化工作，从六七年前就开始做，调研团队一进入四川，就发现各个地方的乡镇、农村的环境卫生状况完全不一样，人的面貌也有一点差距。此外，因为四川很大，大凉山地区（图2）、彝族地区，这些特别贫困的地方我们也去了，这可能是此次调查花费精力最大、投入时间最长的，就为了去看一个县、几个村。为了去一个实实在在的国家级贫困地区，从成都出发，到那边用了两天的时间，在当地工作了一天半，返回又用了两天时间。国家从省级层面对地方、对贫困村的经济投入非常大，但成效值得深入思考。

图 2　四川大凉山地区被访村民及住房状况

2.2　村民满意度：主观满意度与村庄建设水平是否匹配

是不是村庄建设得越现代化，设施越齐全，村民的满意程度越高？这是一个经典的话题。此次调研发现，这个确实可能并不是线性匹配的。村民的需求，在村庄建设条件较好的地区和农村发展较差的地区是不一样的。所谓的满意度，就是当你满足了他某方面的需求的时候，其满意度出现了跃升，所以我们去非常贫困的村的话，该村可能去年刚刚把道路修通了，那这个村的满意度是相当高的。同时我们到了东部的比如说上海的一些经济相对发达的村，即使这个村的道路条件比西部的贫困村要好很多，但如果这些设施这几年并没有新的改进，村民的满意度就不是很高，因为村民逐步会有更多的需求。村民的满意度很重要，因为政府对农村人居环境改造的最终目的就是让老百姓满意，让人民生活得开心，这是考核政府工作成效的一个重要方面。所以，提高村民满意度，与物质环境的品质并不是一个线性的关系。这跟前面的发展差异的分析是一致的，发展的差异性决定了他们需求的差异性，即各有不同。此外，个体的差异性也非常大，不同学历、不同年龄、不同务工经历的人，他的需求也是非常不同的。当然，这只是直观的感受。这次调研对满意度做了量化研究，其间的差异性在后续研究中还需要进一步考证。

2.3　人口老龄化：与城市不同，但可能更严峻

农村的老龄化将是一个常态，且程度会逐步加大。图3是2010年全国人口普查的信息。两个统计指标一个是60岁以上，一个是65岁以上，显然农村的老龄化程度比城市要高。

更重要的是，老龄化程度还只是一个静态的判断。通过访谈，实际的老龄化程度更加严重。根据访谈情况可以初步判断，这些外出务工的人口今后很大一部分还会回到农村，就是目前30—40岁的这批人，甚至可能不止一半。那么，这些人什么时候回去？是老了以后再回去。这个所谓的"老了"，现实中也就是50—60岁。这种情况对农村的老龄化有进一步加剧的作用。

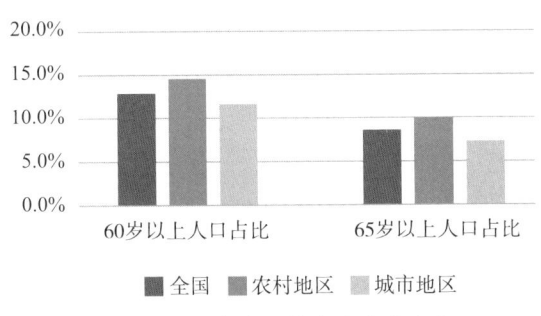

图3　2010年中国城乡老龄化比较

此外，我们也调查了村民的迁居意愿，就是你愿意住在哪里？愿意住在城市、县城、集镇，还是农村？通过调查，村民对农村乡土环境非常认同。当然有两个因素：一是喜欢农村环境；二是其自身能力有限。这个非常明显：有些村民并不是不想去城市，而是能力有限，这一点很重要，又经常被忽视。所谓能力有限的这批人是哪些呢？他们主要集中在经济比较落后的地区，村庄环境面貌比较差的地区，农民教育层次和就业技能比较低的地区。这些人是有城镇化的意愿，但现实中却去不了。但是，我们去村庄环境面貌较好、发展建设环境都较好的村，村民普遍是不愿意进城的。所以，我们可以判断，城镇化意愿和其现实的生活环境条件有着非常大的相关性。并不是说他现在很想城镇化，以后就一定要城镇化。当我们的"新农村建设""美丽乡村"建设经过五年或者十年，让农村人的生活水平达到小康以后，我今天可以说，他的城镇化意愿比现在还要低。

我们来看图4中集镇这个层面，它属于城市和农村的一个交界点，这个层面村民选择的比例也不高。难道集镇就不是城镇化的一个重要的载体了吗？小城镇是不是就不重要了呢？这个事情我们不能只是去看数据，因为虽然做了访谈和问卷，但其实最后判断的准确性还是来自定性（研究）的一个经历或是研究积累。因为实际上我们之前做过非常多类似的访谈，问外出务工的人，"以后干不动了或者城市里不能定居，你回哪里去住？回哪里养老"？大部分人回答"我回农村"，还有一些人愿意住县城。我们问他为什么不回小城镇？他们回答"小城镇的设施等条件都不好，也没有娱乐活动！"客观条件现在确实是这样，但是我们又继续追问了一下，如果小城镇的环境、道路、面貌都改变了，又相对比较宜居了，你选择去哪里？他说"那我当然回镇里了，我不回农村，农村太枯燥，县城成本太高，离家远，离农村远，我最喜欢的是小城镇。"所以说，"人的城镇化意愿或者说城镇化的动力是动态的，他随环境条件的变化发生变化。"

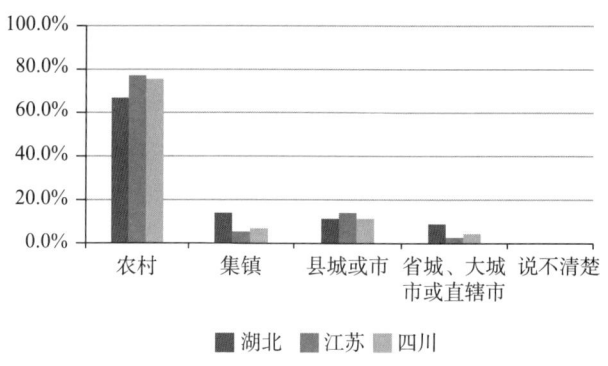

图4　江苏、湖北、四川村民理想居住地分布

我们讨论老龄化问题是因为有了老龄化趋势的判断，那就需要为农村提供老龄化设施，提供老龄化服务，这是最直接的推论。但是，其实老人并不是社会的一个负担。并不是说人老了，到60多岁了，就要靠养老金生活，就要怎么怎么样，其实并非如此。这一点日本、韩国等一些发达国家的经验表明，老人其实有很多的优点，比如说经验丰富，他的工作会减少社会的负担，对他的心理上来讲也是一个健康的生活方式，所以，农村的老龄化趋势也不应该仅仅去消极地看待，要想办法让这些老人成为农村社区或者社会的资源来开发。

2.4　人口流动：受诸多因素的影响

全国农村人口流动的个体差异非常大，不光体现在年龄、学历、收入等，同时也受到外部环境的极大影响，包括农业的基础、村镇的面貌、区域产业的发展、交通变化、地方文化等。农村人口流动还随政策的引导发生变化，就是在自身因素和外界环境不变的情况下，政策力会起到极大的引导作用，这是我们在工作访谈中得出的一点看法。那么，研究人口流动，就要有一个大的趋势判断，对农村人口的流动趋势或者说它的一个稳定居住的状态，要有一个合理的推测和政策的引导。这个我自己尚未想清楚到底是何种模式，但是有一点，我觉得现在的政策实际上需要做一些调整。比如说现在的企业分布，二产、三产的分布，向大城市或者说向发达地区的集中度太高了。其实西部或者一些落后地区的贫困面很大，经济基础又不好，工业基础也落后，那么今后靠什么发展呢？光靠旅游、休闲、农业这块肯定是不够的，这个休闲农业、休闲旅游可以带动局部某些区域的发展，但是带动量大面广的贫困地区可能是很困难的。就是说大的层面的政策，可能今后要对这些欠发达地区,尤其是这些贫困地区,不光要做好财政的转移支付,还有就是产业的转移,可能需要对一些产业空间政策做相关调整。

2.5 安居与乐业:内生动力的匮乏是阻碍农村发展的最根本原因

乐业才能安居,目前"美丽乡村""新农村建设"大多是通过高层面政府的资金投入和政策扶持来进行,推广难度大。过去我也曾提出批评,我说这些东西不可复制,你投入这么大,别人怎么学?但是实际上跑到这些落后地区、贫困地区看过以后,我觉得这个试点的复制虽然难度大,但还是要推广,而且必须推广。因为从农村的落后来讲,其实是我们国家历史上的一个"欠债"。我们过去投入得太少了,今天要把它补回来。农村的基础设施、道路设施和水、电的供应等,是我们早在过去就应该做的事情,只不过这些经费、财力被城市给独占了,今天这个事情还要去做,要补上。

是什么改变了我的看法呢?不仅是云南调查看到的大面积的贫困给了我触动,还有青海省的实际操作感动了我。我9月中旬去青海进行了一周调研,我印象很深也很惊讶,这一个高原省份,一个经济不算发达的省份,但其农村建设在有条不紊地往前走,而且力度相当大。全省共约80万户农村居民,现在农村的危房或者新房建设已经完成了60万户,不是这几年才做的,已经做了六七年了,一直在做,一年做一些、一年做一些,再利用国家的钱补一些,等等,悄悄地把这个事儿做好了。所以对这个省份来讲,到2020年完成农村建设方面的全面小康基本是没有问题的。当然,住房的建设是很重要一块,其他设施的建设跟进还有一些欠缺,他们也在一点点地去做。

农村发展的动力,其根本在于产业。一个是农业,农业收入普遍不是太好,尤其在山区农业机械化的推广是非常困难的。那么,对于非农产业,对自身资源禀赋的要求又非常高,村庄要有特色,环境要有特色,或者资源要有特色,又或者交通区位要靠近城市,村庄才能够有条件去发展一些非农产业(图5)。但对于大部分的村庄而言,做非农产业会非常困难,因为它没有这方面的特色。所以,如何去促进村庄产业的发展才是实现人居环境改善或者实现满意度提升的最关键要素。

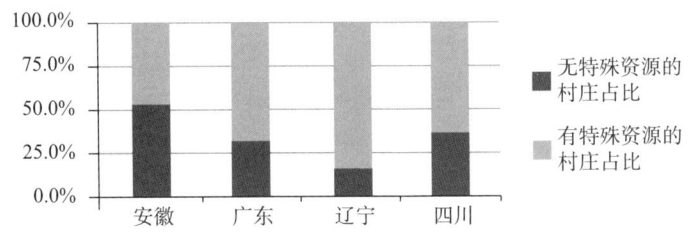

图5 部分省份调研村庄有无矿产、旅游等特殊资源占比(初步统计)

而要实现所谓的"乐业",最重要的是交通和人才。交通便利无需多言,是一个村庄发展的根本。我要强调的是,这里所说的人才并不是说公认的高端人才,而是村庄有个能人,有那么一两个能人,有那么一两个懂技术的、肯做事的,这个村庄的整体活力就会燃烧起来,这并不是太难的事。在最后一条我会跟大家探讨一下,就是说自下而上地去寻找动力,而不是像我们现在撒胡椒面一样地扶贫,最清楚的案例就是大凉山地区的扶贫工作。我们调研团队下去发现,怎么这么贫困啊,是不是国家投入不够?其实国家和四川省在大凉山地区投入的力度、资金相当之大,包括国家和省级层面的,相当大,但是他们没有脱贫,就是没有脱贫。我们可以进一步思考这里面的原因,文化是一方面,传统的生活习惯有影响,但是更直接的原因在于,我们投资的点是怎么投下去的?投在什么地方?我们去看一下,到现在大凉山地区村庄的对外道路交通依旧还没解决,我们团队的研究生跟随老师从县城一路上颠簸了几个小时,交通环境十分危险,直到现在基础设施这块也没有取得显著成效,还有一些其他方面也不尽如人意。所以,这个扶贫投资要投到它需要的地方,要让村庄自己去思考,下发资金怎么用,去"授人以渔",传授技能让他们自己学会怎么生存。

就当下的发展阶段而言,农村的产业发展实际上很重要的一方面是城乡联动,在这里我强调一种城镇化模式。过去的城镇化总是要让农民到城市里定居,到城市里生活。其实我们走访下来,现在很多地方,尤其是经济发达地区,农村人口在农村生活,仅仅是生活,并非就业;他的就业是"人到城市,或集镇,或县城,或更远的地方";他可以一天一通勤或一周一通勤。这种所谓的就地城镇化模式,和传统所说的半城市化模式不一样。某种程度而言,这种城镇化模式也挺健康。对于这一点我们还可以进一步地研究思考。

2.6 农村住房:危房改造和住房保障政策的检讨

国家近几年花了很大力气去改造农村危房,政策目标是好的。政策的核心是改进农村最贫困群体的住房条件,就是农村的残障家庭或者低收入甚至没有收入的家庭及孤寡家庭等,着力改善这部分群体的居住条件。但实际上的情况恰恰是这部分群体很难享受到国家这些政策,因为这些所谓最贫困的群体基本上一贫如洗。假设这些贫困户自己建设住宅,国家补贴是 7 500 元,地方配套加起来差不多 15 000—25 000 元,但实际上最简易的房子土建成本也要 50 000 元,如果在山区可能达到 10 万元(因为建材运输成本高),那么剩下的 25 000 元该如何解决?一般家庭可能不太难,但是这些农村的贫困家庭其实是很难解决这个资金缺口的。所以这个来自于政策的钱,它最后不是一个"雪中送炭"的成效,实际上是一个"锦上添花"的过程。最终农村的哪些人能够享受到这部分福利呢?是已经能够建得起房,或者本来就想建,但稍微贫困点的家庭(因为无论如何,补贴发放是需要根据贫困程度排队的),他们的环境改善了,最贫困的这一部分群体的居住条件还是没有改善。

那么农村危房改造工作是不是不能完成呢?实际上我们发现,青海有一个模式:幸福院。最贫困的这部分群体不是靠国家的住房补贴改造他们的危房,而是村集体将这部分补贴集中起来,集体建设一个像公租房一样的"幸福院",这些住房条件不好(危房)的贫困户,就到"幸福院"里去居住,一直到终老或者有能力自建住房为止,但是这个住房产权不是你的,是村集体的,他退出后,新的老人还可以进来。

另外必须指出的是,地方政府知不知道不该补贴给这些所谓的农村中等收入群体呢?现在自上而下都说"专款专用",管控或者是核查、检查指标对基层政府是非常严格的,每个地方到了年底都要将危房改造工作进展上报省政府或国家相关部门。因此,这个政策补贴必须要发放下去,发不下去不行,发不下去意味着地方政府的工作做得不好。所以我们的政策有时需要做一些检讨和优化。

那么,我们还要警惕什么呢?有一些省份对农村还有奖励性住房政策,比如说农户新建住房整村集中居住,有些省份奖励4万,再加上危房改造1万多元,一户最多可以得到近6万元,这个动力实际上对农户来讲相当强。但是这也存在问题,农村居民的积蓄或经济能力其实普遍来讲并不是很强,那么他为了要占(政府)便宜,要领国家的补贴,会想办法借钱筹资,政府也鼓励他们筹资去建新房,很多农村新房就这样建起来了。建起来如何呢?如图6,

图 6　某村落改造后的农民住房

左下角这家的外立面没法粉刷了，建房到这个阶段家里已经没钱了，左上角还有右边这张图是什么呢？三层楼都盖起来了，但是二楼、三楼的窗户都没钱封，就干脆不住了，因为实际上确实不需要这么多房间，就住一楼够了。

所以说农村住房条件的改善是一把双刃剑，它确实改善了农民的生活条件，但是它也可以使一个农村家庭从经济上还稍微有点儿富余的状态进入贫困状态，因为钱全投入到这上了。良好的住房条件可能也降低了其城镇化的意愿。当然，农村住房建设补贴是国家及相关部门为农民所做的实实在在的事情，这些年来农村住房条件已经大为改善，但政策的具体落实、执行和监管还可以再优化完善，让经费的作用发挥得更好。这个问题很复杂，还需要做进一步的研究探讨。

2.7 环卫保洁：总体非常滞后，缺少公共财政支撑

到现在为止，我们调查中还没有看到哪个省份农村的垃圾处理做得很好。内在的根源，初步分析是因为整个自上而下的公共财政并没有针对农村垃圾处理、环境整治方面的专项经费。重视的省份可能拨出固定的经费，但也经常不太够用；不重视的省份可能压根没有这个经费，最多给行政村稍微补贴一点，例如可能一年5 000元由村里全权负责，等垃圾

图7　落后的村庄环卫设施与恶劣的村庄环境

积累过多再清运一下。我们也相应了解到，一个中等村（200户左右）一年垃圾收集清运成本至少2万—3万元。很多村是通过发动党员干部，再发动村民，让大家捡一捡、运一下，以这种方式勉强持续下来。显然这样只能起到一点点作用，达不到治本的效果。所以，我们去的各地农村，可以说八成，甚至于九成的村庄，有一半的垃圾是乱扔的，还有一半有收集，但是仅仅是收集到一个垃圾池周边，风来了垃圾仍然到处飞（图7）。

所以，我们建议各级地方政府成立专项资金去支持农村环卫，因为城市里是有财政拨款直接用于市容环卫，由政府的环卫部门负责清运。农村为什么还要村民自己天天去收集呢（激发村民美化家园可以是目的之一），为什么没有专款去做农村环卫清洁。因此，政府要针对公共财政的支出有所改进，划出专款保证农村环卫保洁工作的持续落实。

2.8 传统村落：政府干预与现实危机

这两年国家在推行"传统村落名录"，会给入选村落一笔资金，300万元，省级层面有可能还给300万元或更多。这项举措确实是个好事儿，目标很简单，改善这些传统村落的人居环境，让村落的传统物质文化和非物质文化能更完好地传承下去。但是，我们实际上看到的情况是什么呢？并非完全如此。比如图9中某省的一个少数民族村，我们过去看，地方政府职员一路上跟我们形容该村落和民族的特色，我们很憧憬地过去了，进去一看还行，房子确实都建设良好，但是这个少数民族传统村落的特色到底在哪里？转了大半天没找到，环境确实整洁，如图8右图所示，这个村落实际上的传统格局非常好，传统村落的拨款落实以后就变成左图所示了。这可能是现在很多贫困地区传统村落普遍存在的一个现象和趋势。

图8　某省一个少数民族传统村落改善前后对比

我在西南某省某地调研，地方规划局长说他们正在规划一个传统村落，钱都下发了，他们也请设计大师做了设计。这个村是一个傣族村（傣族主要集中在西双版纳地区），但在汉族地区，被"汉化"了，住房没有傣族的特色了，他们觉得傣族村应该有傣族特色，所以准备把这些房子全拆了，用这笔钱重新建起来，请设计大师设计傣族风格的建筑，方案出来了，他们想这样做，但是也犹豫不定，觉得这事儿好像不大对头，于是与我进行了互动交流。我的观点是，村子建筑形式既然已经被汉化了，那就是这个样子，这是历史的一个选择，你如果把它又恢复成傣族风格的话，这不是保护，这不就是过去我们所谓的"仿宋一条街"吗？有什么文化价值呢？在沟通后，相关部门领导基本听从了我的建议。

但是地方政府为什么会产生这些问题、这些疑问？我们了解了一下得知，其实当地对国家传统村落保护的相关内涵或者怎么保护不清楚，缺少国家层面的一个指导性的东西（事后我查阅了一下，住建部其实发过一个指导意见，但如何接轨基层的理解和执行，看来还需研究），所以这个事情我觉得可能很快要做下去，否则很多传统村落都会变成（像上面说的）这样。

这个现象不是个别现象。如图9，青海海西州某村，这可能是我们调研的最遥远的一个村了，从西宁市开车开了451千米，到这个村可能接近500千米。我们看这个村的照片，应该也是蛮有特色的，这个村整村在做"美丽乡村"项目，在拆。估计两年以后村子的传统格局、色彩等都没了，当然这个村的生活环境会变好。这是传统村落保护和人居环境改善的矛盾所在。那么这部分的工作如何进行？我个人认为，这些村子房子很破旧，村民不能继续居住，一定要建新房，但是如何把传统的符号，把这些东西留下来，让这些村庄能够有些记忆。这块大家是要去研究、去分析的。特别是局部的一些工作，建筑师要介入进来，传统建筑工艺要传承下来，要推广开来，比如夯土技术。

图9 青海海西州某村正在进行新农村建设

2.9 规划编制：正确对待乡村规划与村庄建设的关系

这两年各省乡村规划的编制应该说如火如荼，甚至现在规划市场不太健康，有一些省份把村庄规划作为增收很重要的利润增长点。但实际上村庄调研之后我一直在思考，村庄规划到底对农村有多大作用？我还拿不准。其实我们一直在跟踪村庄规划的进展，对于一些沿海发达地区或者一些条件比较复杂的地区、城市近郊区，村庄规划确实很有必要，而且一定要做。但是对大部分普通的村庄、偏远的村庄，这个规划到底能做什么？我们在云南地区也看过一些村庄，在一个山顶上，是一个整体搬迁过的村庄，我们感觉实际建设效果很好，道路自由实用，建筑与自然很融合。我问村书记，这是哪个设计单位做的村庄规划？村书记说，"我们自己做的，村民内部讨论了一下，这个路该怎么开，哪家房子怎么盖，用国家的钱，要把村庄设计好。"感觉很好啊！对于规划师而言，在村庄规划中到底哪些工作是必须我们做的，别人难以做到的？其实我感觉到更多的，是对普通的村落而言，我们在规划上能做的事情真的很少。一些省份在强行推（农村规划）这个事，有一个省设计费3 000元/个。3 000元一个村落的村庄规划，地形图都提前提供。对设计师而言，3 000元或许连差旅的成本都不够。设计师去没去过那个村落？这些村庄规划可能就是一个应付检查的行为。有一些自上而下的检查工作，其中有一条"是否编制过村庄规划"，这一条统计出发点是好的，但其实对地方政府是有误导的，他可能觉得编过就是好事（图10）。

图10　云南省某整体迁建村落

2.10 机制建设：自上而下要重视村庄建设与管理

调查发现，村庄、乡镇乃至县层面，规划管理权力或者人员的配备相当弱。我们80多个县跑下来，县住建局在村镇管理这块基本上就是3—5个人的配置（甚至更少），从头到尾整个县的建设工作、农村管理工作就是那么 3—5 个人在做。一个县的乡镇有多少？10—20 个居多，有些地方甚至接近 30 个。在东部地区可能还可应付，交通很方便；但到西部地区很多都是山区，他们如果把所有的乡镇走一遍至少要一个月，何况是几十倍数量的村庄呢。对于某些农村的违法建设，现实中的建设管理根本就没法管。所以说，基层政府机构的编制配置上，我们必须要呼吁一下，请编办的同志下到基层去走一走。政府部门的机构精简，在城乡建设这块儿要相反，必须要扩编。否则农村地区的违法建设一旦扩散，影响不仅仅是风貌的问题，可能对于社会稳定而言也会有非常不利的影响。

调研中的一个例子。某县建设局的局长与我座谈时说到，国家要补贴种粮大户，我们在西部山区种粮食有补贴，每个县补贴都要发下去，怎么办？县里相关办公室就四五个人，搞不清楚哪些人在种粮食哪些人没在种粮食，重新普查更不可能；于是他直接告诉我，这个数据就是他在办公室里造出来的……基层的很多数据、很多情况，都是我们"不走下去根本就不知道到底是什么情况"。

另外，我们觉得对村庄能人的重视这块非常重要，这实际上是一个先入为主的判断。能人在农村发展过程当中起到了非常大的作用。对能人的培训，对能人的引导，可能会起到一个事半功倍的作用。在这方面实际上我们也该跟韩国学点经验。在了解我们国情的基础上，再去学习国外的经验会起到事半功倍的效果。韩国在 20 世纪 70 年代推行新村运动的时候，他们不仅仅是培训村民，重点是培训村主任，培训村中的能人。但是韩国的培训跟我们不一样，不是今天上上课明天就走了，而是比如一批 50 个村主任过来培训，它是在封闭的环境里，大家同吃、同住、同学习。这有什么作用呢？因为上课大家听到的只有老师一个人在说话，但其他的村主任可能有自己的经历，有自己的好点子。同吃、同住，村主任或能人之间是可以交流的。另外，对农村能人或村主任、村书记来讲，最大的"瓶颈"是视野，他的视野普遍比较窄。为什么视野窄？他的社会关系网比较小。也就是说，怎么提高他的社会资本？怎么提高他的社会关联度、社会拓展？通过这样的培训，有点儿像 MBA，为什么大家要去 MBA？（仅仅为了上课充电吗？不是的）学员要认识人，认识与自己志同道合的人。对于村主任、村书记和能人，我们要给他们提供这样的机会，今后他们在农村带动大家致富的过程中，就不仅仅是来寻求政府的帮助，他们可以问他们的（培训时认识的）同学，问其他村的村主任该怎么做，包括对农村的日常管理和服务等，他们会自己想好多办法。这个事情我觉得我们有些地方可以尝试去推行。

3 结语

以上比较零散地阐述了十条初步的体会。这次调查因为涉及 13 个省份、7 578 个村民样本、480个村的"大数据",我们建立了一个12条的村庄类型矩阵表,这12个类型每个类型2—5个选项,至少40种类型的村,各自的发展特点怎么去总结?表格最后的一项是人的生命历程,被访谈对象他的人生经过哪些变迁?经过哪些搬迁?期间工作的变化都有记录,这个数据怎么去分析研究?人的经历、他的选择跟今后的城镇化选择这个差异性怎么去体现?家庭结构的变化和农村人居环境的建设、老龄化趋势和村庄的变迁、公共服务的公平性和效率性之间的选择、文化在乡村发展中的影响……最后,我们要给国家提供一个什么样的一个政策建议报告?这个研究其实很务实,我们的目标不只是学术研究,最后还是要为国家的决策提供参考,能够为国家下一步的规划提供有力的支持。

下边再分享几组照片(图11),这是云南山区村庄农户家里的环境卫生状况,右上图是一户家庭室内的场景,编织袋围着就是床,右下图是他家里(除了耕地外)几乎所有的财产。

图11 云南省澜沧县拉祜族村落

图12是我们去这个村的路上拍的。左上图是烂泥路,几乎在挑战四驱车的极限。左下图是在修车,我们去了一趟回来,运气很好,等回来了临到镇上这辆车才损坏,四驱车的底盘因颠簸而错位了,不得不维修,也耽搁了接下来的访谈。右上图是沿途的泥石流、洪水,我们都从那儿经过了。云南的调查是非常艰苦的,但最艰苦的路程也是收获最大的。

图12 云南省调查

（致谢：本次调查以同济大学一己之力是无法完成的，感谢所有参与的机构、大学及老师和同学们！感谢安徽建筑大学储金龙院长、顾康康教授等，长安大学杨育军主任等，成都理工大学李艳菊主任，华中科技大学黄亚平院长、耿虹主任、王智勇老师等，内蒙古工业大学荣丽华教授等，山东建筑大学张军民教授、李鹏老师等，沈阳建筑大学马青教授、周静海教授等，深圳大学李云和陈宇老师，苏州科技大学王雨村教授，西宁市城乡规划设计研究院鲁青和院长、多志利总工，同济大学的陆希刚、赵民、栾峰、张尚武、彭震伟、杨贵庆、耿慧志、李京生等老师。特别感谢辛苦了一个夏天的我的研究生们，他们是何莲、王丽娟、林楚阳、宝一力和承晨等。最后还要感谢住房和城乡建设部，特别是胡建坤博士和张雁副处长对本次调研的大力支持。谢谢大家！）

注释

① 本文是作者在"中国城市规划年会乡村规划分会场"的特邀报告速记稿基础上改写而来，已经过作者审核修正。

关于村庄规划内容与方法的讨论

李京生

摘 要 本文基于对村庄规划的经纬、已形成的共识以及村庄规划的性质和作用等方面的认识，提出发展阶段论和主导因素论，希望能在乡村振兴的背景下，开展对村庄规划应有的编制内容和方法的讨论，并且对村民参与村庄规划的方法进行解析。

关键词 乡村；村庄规划；村民参与；实施

为什么今天还要讨论村庄的规划内容和方法呢？大量实践证明，乡村规划和城市规划有很大区别，可以说是相对比较独立的一种规划。尽管近年来乡村规划被提到非常重要的地位，但是在新时期的乡村振兴当中，作为规划人员，如果缺乏对乡村的基本认识，忽略对乡村规划的基础研究，将是无法胜任规划编制工作的。本文希望在当前对村庄规划的讨论中，结合村庄规划应有的内容和编制方法的思考，提出一些个人的看法。

1 讨论的背景

我国正式大规模地开展乡村规划和村庄规划是在人民公社时期。中华人民共和国成立初期，我们要"赶英超美"，需要快速工业化，同时为了防止乡村人口大量进入城市，在乡村大建人民公社，乡村要工业化，将集体所有制向全民所有制过度。1958年《中共中央关于农村建立人民公社问题的决议》里谈到，要建立人民公社，要把人民公社建立成一个工农商学兵一体化的乡村公社，实际上就是想通过工业化实现农村的城市化。8月份有了这个决议之后，紧接着9月份农业部就立刻发出了一个通知，要求各省份在"今冬明春"，也就是半年到一年的时间里全面展开人民公社规划。当时所说的规划内容是什么？除了农、林、牧、渔的产业发展规划外，还包括平整土地、整修道路、建设新村等物质空间建设的任务。因此，人民公社规划可以看作是我国全面开展乡村规划的起点，其中，生产和生活环境建设是一个整体。同年，中央发现人民公社存在诸多问题，1958年12月中共八大第六次会议追加了《关于人民公社若干问题的决议》。这个决议除了肯定人民公社制度之外，指出：

作者简介

李京生，同济大学建筑与城市规划学院教授，中国城市规划学会乡村规划与建设学术委员会顾问，上海同济城市规划设计研究院有限公司中国乡村规划与建设研究中心首席研究员。

"集体所有制对于今天的农村人民公社的生产力发展,仍然有它的积极作用",还提出"乡镇和村居民点住宅的建设规划,要经过群众的充分讨论"。也就是说对人民公社的冒进行为做出了一些修正的同时,对乡村规划也提出了要求,与现行的《城乡规划法》(2007)中"乡规划、村庄规划应当从农村实际出发,尊重村民意愿"的出发点基本相同,第一次将村民看做是村庄规划的主体。

在乡村建设人民公社的基本设想就是要打破小农,推动农业合作社向更大的人民公社转型,并认为,只有这样,才能发展工业,才能实现农业现代化。人民公社的理念集中体现在一个"大"字,就是要规模化,规划的做法集中体现在自然村的合并。规模化的办法是什么?就是集全民之力,大力兴修水利,大面积平整土地,按照工业的方式搞农业生产,用军事化组织和管理农村的生产生活,进而实现农业"四化",也就是实现机械化、电力化、水利化、化学化。

要实现规模化,就要尽一切可能,把农村分散的居民点集中建设在一起,然后配以公共服务设施。改革开放后的小城镇建设也是如此。半个多世纪以来,乡村规划主要就是沿着这个基本思路走来的,其中最直白的村庄规划理念就是"迁村并点",人民公社时期最典型的案例就是华西村(图1)。华西村将12个自然村合并,集中建成一个新村居民点,通过"田、渠、林、路、村"一体化规划和建设,基本实现农业生产基础设施的现代化,从而利于农业"四化"。在"学大寨,赶华西"运动中,全国农村大搞农田水利基本建设,取得了一定的成果,不但改善了农业生产环境,改变了乡村的大地景观,还为今天的农业投资环境奠定了良好的基础。然而,相比农业生产环境建设,乡村的生活环境并没有改观,

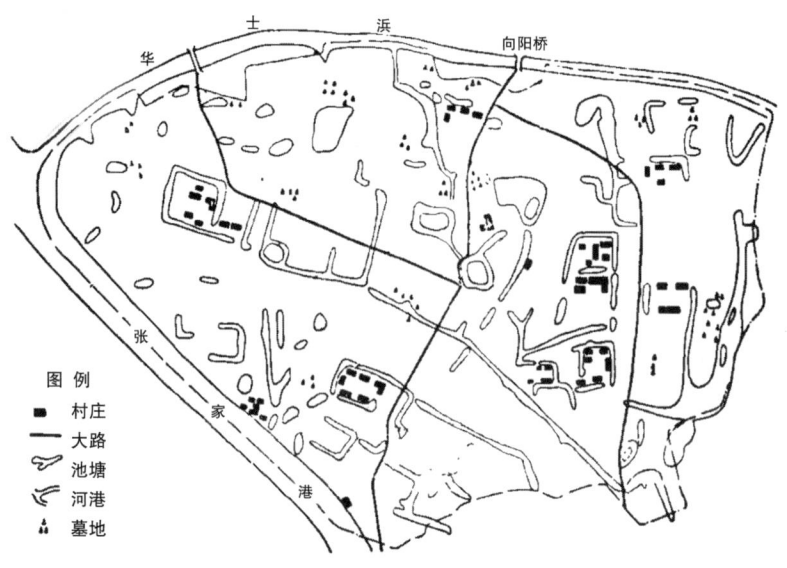

a. 实现规划前(1963年)华西大队

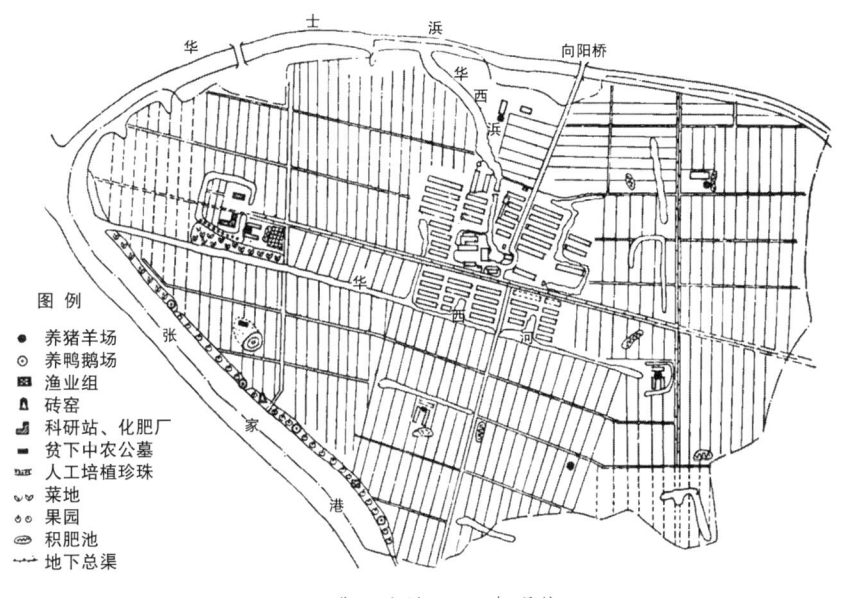

b. 华西大队 1972 年现状

图 1　华西村实施村落合并前后比照

资料来源：江苏省江阴县革命委员会调查组："华西大队新村的规划建设"，《建筑学报》，1975 年第 3 期。

"迁村并点"一刀切的做法也遭到严重的质疑。即使有成功的案例，也不具有普遍意义。由于乡村的社会主义改造没有完成，人民公社时期建立的三级所有制仍然存在，改革开放以来实行家庭联产承包责任制，现有的村民小组（人民公社时期的生产队）仍然是乡村集体经济的基础。现在的村庄只是乡村的基层自治组织，并不具备法人地位，而所谓的中心村实际上也只是一个规划概念，能够建成和承担中心功能的中心村并不多。

与当前开展的乡村规划相比较，人民公社规划涉及的内容非常广泛，从乡村的社会到经济，从生产到生活，从组织到管理，几乎无所不包，这些与中华人民共和国成立初期百废待兴、乡村全面治理的时代背景是分不开的。

长期以来规划被认为是建设主管部门的工作，农业部门编制的乡村规划往往会被忽视，这也是当前和今后亟待研究的一项重要课题。那么究竟乡村规划由政府的哪个或者哪些部门来主管？这在各个国家的规划体系中是不同的。在农业主管部门组织编制的乡村规划中，改善农业生产环境占据主导地位，通常是依据区域的资源和市场确定土地使用，农业的产业规划和基础设施建设是核心内容，村庄规划范围实际涵盖了整个村域，其中村庄和集镇只是作为可供村民生活和居住的"点"（图 2），不涉及其内部的功能和空间形态。那么，究竟乡村规划是否需要生产、生活两者兼顾，还是重点放在生活环境的治理和风貌建设？由此，村庄需要什么样的规划？村庄规划编制的基本内容是什么？应有什么样的编制方法？仍然存在大量研究的课题。

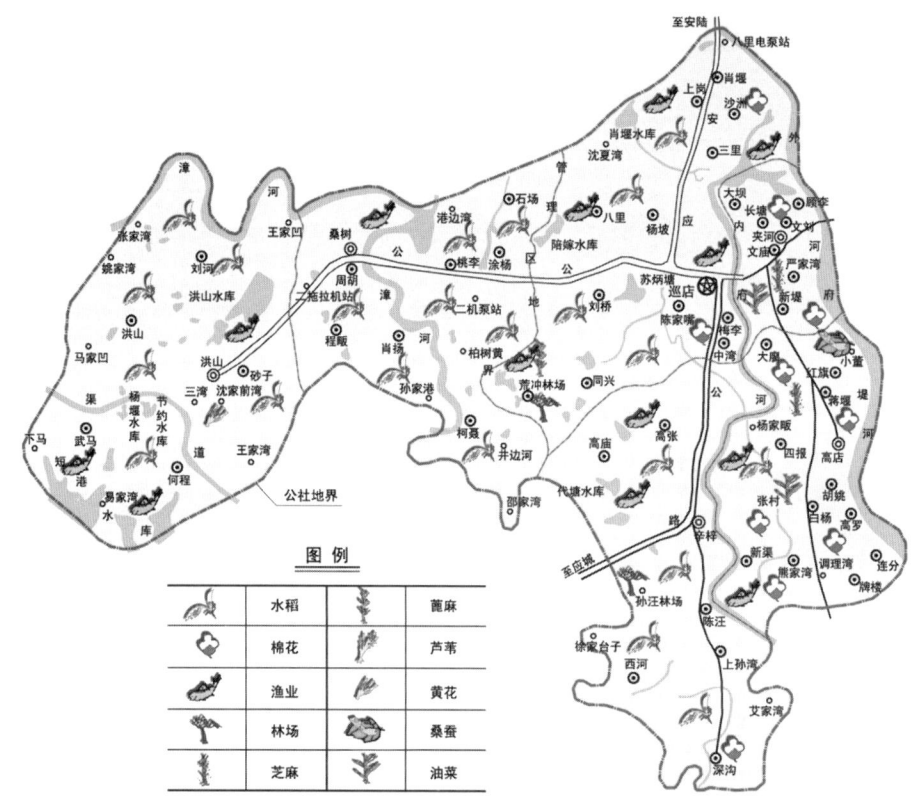

图 2　湖北巡店镇自然经济作物分布规划

资料来源：黄杰等编：《集镇规划》，湖北科学技术出版社，1984 年。笔者根据原图改绘。

2　已有的共识

基于以上背景，从事过大量乡村规划的专业人员普遍认为，虽然当前已经拥有各种各样的现代规划技术、手段和工具，也不缺少规划的思路和信息，但是面对城乡社会发展的不平衡、地区差异、乡村社会现状、政府管理条块分割造成的规划一哄而上的问题，村庄规划究竟以何种方式开展？规划的基本内容和底线是什么？在规划中如何有区别地对待这些问题？等等，还需要认真地展开一次系统的讨论。

2.1　涉及范围

2.1.1　村庄是个复合体

我们有必要对乡村规划相关法规做一个简单的学习。《村庄和集镇建设管理条例》（1993）规定，"村庄规划分为总体规划和建设规划两个阶段"，总体规划的内容基本上是城市规划的思路，建设规划相当于详细规划。总的来说，规划的目的是划定规划区，引导和控制规划区内的建设行为。在《城乡规划法》（2007）提到的乡村规划的内容里，虽然提到耕地、自然资源、历史文化的保护等，但更像一个规划原理，既没有界定村庄规划的范围，也没有规划区的概念。作为规划人员，法律法规是不可撼动的，但事实上法律法规的完善需要经历一段过程，这也就给出了探讨的余地。

村庄不是一个单纯的居住地，是乡村生产、生活和自然空间的复合体，也就是我们讲的"三生"（生产、生活、生态）融合体。在乡村，这三种空间是混合在一起的。其中，乡村的人工空间是生产和生活空间的混合体，也是因地制宜的结果，是依托自然生态系统的服务功能来组织的，依据自然规律来运作，所以被称作是有机的和在地的，违背了这些原理，就会付出巨大的代价。既然是有机地组织在一起，那就是一个系统，那么，当触动和改变其中的某个要素时，就会涉及与之关联的要素的调整。由于村域范围的生产和生活资源是统一配置的，其土地使用的调整和改变都会涉及利益的分配。因此，至少村域就是村庄规划的范围，其中产业，或者农业发展及其相关用地规划的内容不能回避。

虽然城镇体系规划和城市总体规划也涉及市域范围，在对待规划区内与规划区外采取的是完全不同的工作内容和深度。规划区和郊区的功能是被割裂的，郊区的农业和农村发展及其对应的土地使用都不会成为城市规划的内容，即使城市防灾规划，也仅仅在规划区内考虑。如果在村庄规划中如此照搬，显然缺乏科学的依据。

2.1.2 人、财、物三位一体

在城市规划和建设活动中，规划一旦审批后会交给建设部门去立项和建设，建成后由城管去管理，各职能部门的分工是明确的。乡村则不同，规划、建设和管理往往是同一批人，这些人大部分又是利益相关人，村庄建设的投资人和规划建设的主体。当然，以往的乡村规划多数是由政府部门委托，由职业规划师和建筑师等专业技术人员承担与完成规划的编制工作，这种做法今后仍然会坚持下去。由于受制于专业背景，规划的内容基本上是以硬件环境为主，对村庄真实的需求往往认知不足，实施中的问题就不言而喻。这说明村庄规划涉及的领域诸多，把村庄规划仅仅看作是技术问题过于简单化，而与城市相比较，乡村需要的技术并不复杂，重要的是，要系统地了解和发现村庄在发展中的诉求与实际问题。

村庄是经历了自然、经济、社会和文化过程共同作用的产物。那么，村庄的规划就不仅仅是物的规划，还包括人和财。这里所说的"财"包括经济、产业和资产，无论是集体的，还是家庭的、个人的。所以，村庄规划无论谁来做，村庄有什么样的人？拥有什么资源和发展潜力？如何安排生产？有什么样的生活愿望？如果把这些问题关联在一起，究竟会产生什么样的规划成果？都不是规划编制前可以预设的，需要规划人员与村民认真学习和探讨。

2.1.3 村庄规划的权威性

很多人质疑村庄规划的法定性。主要源于城乡二元结构，城市和乡村实行着不同的土地制度与分配制度。城市在规划、建设和管理的制度建设方面比较健全，主要得益于相对严密的社会分工与协作。公共物品多，规划的权威性可以在很多方面表现出来。乡村实行的是在公有制基础上的集体所有制，带有"私"的色彩。《城乡规划法》中涉及的"村民先决"的含义，就是说村民没有达成共识，村庄规划就无法上报县级人民政府审批，所以村庄规划的权威性主要体现在是否尊重村民意愿中。在村庄规划的相关法《村民委员会组织法》（2010）中，也明确规定了村民议会的职能和程序。与城市建设决策不同，村民决议是一个自下而上的过程，但是如何自下而上？如何将其与自上而下的因素有机结合在一起？这就需要学会和农民打交道，了解他们的困难和需求。农民不单纯是体力劳动者，也不是一个固定的职业和身份，但是农民在生产管理、产品推销、投入产出分析、文化传承等方面都有一定经验积累，相关性思维能力比较强，具有强烈的发展愿望，同时也是理性保守主义者，相对短视，没有带头人，看不到成功的事例，让农民做出决策是一个复杂和痛苦的过程。如果只是领导急，专家急，农民不急，村庄规划也无济于事。因此，村庄规划的权威性还在于在编制的过程中，村民是否参与，这和规划的落实有着直接的关系。尽管村庄规划实施的很可能只是一种理念，提升了认识，或促成村民的凝聚力，也是具有重要意义的。

2.2 村庄规划的性质和作用

2.2.1 乡村振兴的重要环节

乡村规划的诞生是伴随着工业化和城市化进程的。由于工农业"剪刀差"，大规模的工业化会直接导致乡村的衰落，导致乡村地区人口老龄化、人口减少、人才流失、农业后继无人和乡村人居环境恶劣等，直接关乎国家安全。各主要发达国家都曾经历过一系列与乡村振兴有关的运动，无论是政治运动、行政运动，还是民间运动，其中规划都是作为振兴必不可少的手段。日本乡村规划主要的法律依据是来自20世纪70年代颁布的《农业振兴法》，随后在80年代末又提出《村落地域建设法》等专项法规，进一步引导村庄土地使用秩序化、建设行为的规范化。村庄规划作为促进乡村地区振兴看作是一项重要的战略步骤。

2.2.2 持续的修复计划

今天我们看到的村庄是由历史演进和现实发展水平混合所致。我国有悠久和值得炫耀的农耕文明史，大部分村庄都有独特的文化积淀，村庄的空间肌理是人与自然不断磨合而成的，局部的破损还不至于全面崩溃。因此，村庄规划不是弃旧图新，而是一项持续的系统修复工程，这个特点不仅仅表现在历史文化名村保护规划当中。既然是修复工程，首先要从系统考虑，将现实的问题与历史演进结合起来非常重要。同理，村庄规划不是要村庄彻底地改头换面，而是在系统思考中发现问题，提出更具有针对性的解决方案，可以称作是以问题为导向的规划。

2.2.3 一个学习的过程

乡村规划涉及的研究领域诸多，没有人能够系统地把握，也不存在乡村规划的专家，村庄规划的过程必然会成为一个学习的过程。通过规划编制，学习相关知识，理解国家的相关法律和政策，进而对不同的诉求进行理性分析，在学习和交流中，使利益相关人相互理解和谅解，伴随着规划的过程一起成长，对损害公共事物的个人行为和权限形成制约，进而形成发展的合力。

我国的法律体系中还包括条例、规范、通知、办法等，甚至还有"精神"，并且从法律到精神不断地在进行调整，中间还存在一些矛盾之处，尤其在农村政策和法规建设方面，涉及的相关法规繁多，不学习、不探讨、不领会，规划就会失去底线和定力。

3 村庄规划内容的确定

3.1 基本内容的确定

以往的村庄规划作为一项政治任务，要求每个村庄都要编制规划，面对如此量大面广，没有足够专业人员的"工程"，只有通过规范控制，通过规范和规程确定规划的内容，定指标，定规模，优秀示范点经验推广，甚至提供标准图集等方法，试图确保规划的原则和底线。然而，由于历史成因不同，所处社会经济发展阶段不同，面临的问题不同，从以问题为导向的规划观点来看，一个村庄成功的经验难以复制到另一个村庄去。大量实践证明，以往类似工程学标准化、批量化编制规划的做法显然不能适应新时期的需求。另外，由于缺少专门从事乡村规划的人才，对村庄规划的基本内容不做出规定，编制的村庄规划难免混乱，要么内容繁杂，缺少针对性，要么粗制滥造，达不到基本需求。

近年来地方政府普遍采取由主管部门组织专家编制规划导则的方式，以求做好村庄规划质量把控。导则的英文是"Guideline"，其作用是在研究了普遍性的问题和需求后，通过规范化的条文、相关信息和案例，对规划的编制和管理提出指导性的原则，以免发生价值取向的偏差和实施中的重大失误。导则通常是从规划体系出发，提出规划的基本要求，导则中不但涉及规划编制内容，还会作为评价规划的标准。对于村庄规划编制来说，导则的运用十分必要。导则主要是供规划技术人员在编制规划时使用，但是大量出现的导则规定的规划内容照搬城市的做法，事无巨细，如同一个菜谱，导致大量村庄规划的内容无所不包，千篇一律，没有重点，缺少针对性，造成规划无效和浪费。

20世纪80年代建设部（现住房和城乡建设部）规定的村庄规划成果只需要"两图一书"：一张土地利用现状图、一张土地利用规划图以及一个规划说明书，被称作"粗线条规划"。实践证明，这些规划操作性还是比较强的。当然，每个时代的背景和社会经济发展水平不同，对村庄规划提出的要求不同，但是规划的基本内容还是需要规定的。这方面浙江省的主管部门提出了一个很好的方案，其中将村庄规划的内容分为基础性内容和扩展性内容，值得参考（表1）。

表1 浙江省村庄规划内容

规划内容		基础性与扩展性内容	
		基础性内容	扩展性内容
村域规划	资源环境价值评估	√	
	发展目标与规模	√	
	村庄产业发展规划		√
	村域空间发展框架		√
	两规衔接与土地利用规划	√	
	五线划定	√	
居民点规划	村庄建设用地布局	√	
	公共服务设施规划	√	
	基础设施规划	√	
	村庄安全与防灾减灾		√
	村庄历史文化保护规划		√
	景观风貌规划与村庄设计引导		√
	近期行动计划	√	
	经济技术指标和近期实施项目的投资估算	√	

注：村庄规划内容分基础性与扩展性内容，基础性内容是各类村庄都必须要编制的，扩展性内容针对不同类型村庄可选择性编制。

资料来源：浙江省住房和城乡建设厅：《浙江省村庄规划编制导则》，2015年。

3.2 发展阶段论

要编制一个有效用的村庄规划，规划内容的确定与规划对象所处的发展阶段有着直接的关联。影响村庄选址的第一需求就是生存安全，要有足够的可利用的生存资源，同时又要保证安全，这方面古人比我们考虑的要周全。第二阶段就是要大力发展经济，为此，需要搞农田水利基础设施建设和生产设施建设，提高农业生产能力，实现自给自足。第三阶段是生活环境建设，或对既有生活环境的治理，建设生活性基础设施，如提升道路质量、安装上下水管网、建设垃圾收集和储运设施等。第四阶段是公共服务设施建设，如商业点、医疗点、文化室等。第五阶段也许就是文化的挖掘与传承、历史遗产保护、风貌建设和生态修复、树立品牌、开拓市场和扩大对外服务业等，以谋求更大的发展。如果参考马斯洛的需求层次理论来分析，也可以看作是五项基本需求，在满足一种需求后，必然会提出更高的需求。以上的发展阶段并不是截然分割的，而是相互关联的，也就是说可以同时做几件事，或做一件事可以满足不同的需求。因此，在确定规划内容时充分认识村庄的发展阶段很有必要。在美丽乡村建设中，大多数规划聚焦在风貌建设方面，一味地美化、亮化，有的被规划的村庄可能连干净的水都见不到，这一点却无人关注。所以，规划师要清楚地认识到自己在为村庄做什么，村庄处在什么发展阶段？需求是什么？这些分析在确定规划内容时必不可少。

3.3 主导因素论

以往的村庄规划多数是由政府主导的，与城市规划相同，由规划主管部门委托规划设计单位编制规划。政府为甲方，规划设计单位为乙方，双方的责权利相当明晰。村庄规划成果主要体现自上而下的需求，而村民处于"被规划"的境地，在规划中的角色比较消极。

伴随着城镇化和信息化进程，城乡社会流动增加，乡村社会已不再封闭，村庄的规划会来自各方面的诉求，村庄利益相关人从事的行业也趋向于多元化，出现村民组织、村庄外出人员、志愿者等不同主体倡导和参与的村庄规划，这些从村庄规划编制的起源可以看到。由于大量利益相关人的参与，对村庄规划的认识逐步趋于理性，村庄规划向其应有的开展方式迈进了一大步。

由于区域之间发展的不平衡和村庄的差异性，每一个村庄遇到的问题是不同的。在村庄规划中，不但参与的主体可以构成主导因素，规划需要解决的问题也可以成为主导因素。在问题导向的规划中，这些主导因素有些是显性的，如农业问题、历史文化遗产保护和风貌建设等；有些是隐形的，如政策环境和市场环境的变化。此外，一些比较突出的问题，与大多数人相关的问题都可以成为主导因素。

4 村庄规划的编制方法

4.1 村民参与的必要性

规划无论作为一种愿景，还是一项行动计划，从方法论的角度看，乡村规划方法与城市规划方法没有本质的区别。由于村庄的生产、生活和自然空间具有高度的复合性，人文和自然因素相互交织,以及密切的人际关系和土地权属的特殊性,村庄规划涉及的范围不仅限于对建设行为的引导和控制,涉及村域的生产生活用地、资产管理、利益调整和再分配以及村庄的产业与文化的发展需求。然而,所有这些都直接涉及村庄的发展和村民的生存,村民既是村庄规划的主体,也是村庄建设的主体,重要的是村民的参与是《城乡规划法》赋予村民的权利。

4.2 参与的过程

规划编制的方法可以概括地分为两类:一类是程序法,一类是参与法。村庄规划也不例外。当前主要执行的是自上而下的程序法,也就是政府委托,规划专业人员编制一个封闭式规划,通过公示,村民投票或村民议会举手表决通过后送审。但是,无论从村庄的发展还是法理上来看,村民参与是不可回避的。既然村民是规划的主体,村庄规划又是为了村民的规划,村民对规划最有发言权。村民参与最重要的意义是可以将规划直接贯穿于村庄的建设、管理和运营当中,为规划的实施打下良好的基础。

由于村庄规划具有一定的综合性,只有通过学习和探讨,才能发现问题,准确地把握方向。规划方法更多地基于对问题的认识和寻求可行的实施路径,规划的过程很重要,规划的组织方式和编制的路径都需要设计。由于村庄所处的发展阶段和主导因素不同,规划的过程会有所不同。通过实践,可以将规划编制的过程概括为规划召集、分组讨论和规划合意三个阶段。

规划召集是规划酝酿的过程。规划召集人通常是政府部门,在村民参与的规划中,召集人往往是具有一定威望的长者或能人,也可以是民间团体,这些人会不同程度地影响规划的导向或价值取向。从主导因素论分析,规划召集就意味着有诉求,发现了问题,或者已经产生了初步设想。这些问题和设想往往是具有针对性和比较现实的,或者是与大多数村民利益直接相关的。有的会直接涉及产业转型,有的涉及如何留住青年人,有的涉及老年人生活环境改善等。实践证明,这些规划的初衷一旦进入规划体系,会对规划参与的广度和深度、规划成果的质量产生积极的作用。

分组讨论既是表达诉求,更是集思广益的过程,是有效组织规划参与的方法。分组讨论可以按照课题组开展,也可以按照人群组开展。课题组可以围绕资源评价、产业发展、土地使用、遗产保护、风貌建设、基础设施建设、人才和政策分析等分组开展专项讨论。人群组可以按照不同的行业、性别、年龄和兴趣等分组,除了提出诉求之外,还可以按照设定的课题进行讨论,提出设想。

规划合意是设想整合的过程,是在各组探讨的基础上进行思路整合,形成方案。规划合意过程可以通过多方案探讨,发现共同点,整合和聚焦思路,形成共同意象。从利益相关人角度来看，规划一旦被大多数人认可，规划实施就有了保障。因为，村庄规划合意的过程就是利益重构、投资意象、落实责任与义务的过程。

5 结语

尽管村庄规划已经开展多年，在乡村振兴的背景下仍然存在诸多课题，有必要继续开展对于村庄规划内容和编制方法的基础性研究，这是村庄规划性质和特点决定的。由于村庄空间的复合性，村庄规划需要综合性，规划的过程是利益相关人不断学习和成长的过程，也是乡村振兴的过程。缺少社会、经济和文化发展的研究，没有从村庄历史演进来认识现实发展中的问题，没有村民参与，规划内容和实施路径难免脱离实际，导致规划主体的缺失和规划无效。在此，也期待村庄规划的基础研究能够推动相关法规的建设和完善。

关于农业产业发展规划的几点思考

李笑光

1　农业产业发展规划的重大意义

我们知道,不管是乡村扶贫、农业供给侧改革,还是乡村振兴,都离不开农业产业的发展。可以说农业产业的发展也是今后乡村振兴的重要基础。那么,要想促进农业产业的发展和实现农业的现代化,就必须根据不同时期的发展需求,进行分析与谋划,甚至对原有产业做出调整或转型,从而进行顶层设计。

规划就是一种系统的顶层设计。近些年来,规划的重要作用越来越明显。从上到下,各级政府和主管部门已经做了许许多多、各种层次、各种类型的规划。特别是农业产业发展方面的规划,更是极大地引领了我国农业的快速发展。

但与此同时,我们也要看到,现在许多规划还存在不少问题,还需要不断地改进和完善。

2　目前农业产业发展规划存在的一些问题

当我们翻开一个个规划,就会发现,目前的确还有不少规划,想得很大、想得很高、想得也很远,总想靠一个规划包打天下。恨不得编一个规划就能一劳永逸地解决所有问题,可结果往往是花了很大代价,一些重大问题不仅没能解决,规划最后还变成了一个只能"看"的本子。然后,过几年再编一个,还是如此。

其实,不论是什么行业,一个时期有一时期的工作重点,一个时期有一个时期能够解决的问题,不可能靠一个规划包打天下。更何况现代农业的发展是一个循序渐进的过程。

还有,有的编制农产品加工项目过程中,既没有深入进行市场调查和预测,也没有搞清楚市场的竞争态势;有的编制观光农业、乡村旅游规划时,项目编了一大堆,这些项目都是很花钱的,但却没去想怎么才能赚到钱,利润是怎么获取的,盈利模式是什么?这样的规划项目特别是一些同质化的项目如果忽悠上去是可想而知的,不光会赔钱,甚至还会

作者简介

李笑光,农业农村部规划设计研究院原常务副总工程师,研究员。

背上沉重的包袱。可以说，这样的例子比比皆是。

再者，许多规划在总目标中规划出了那么多的目标产值，可具体规划内容里面却既没有主要农产品产出，也没有产能指标，不知产值是怎么来的。事实上相对来讲，产能在没有自然灾害情况下是比较稳定的，而产值则会随着价格的变化而变化，产值也只是个预期目标。之所以现在许多规划最后都成了一个只能"看"的本子，其原因之一就是：往往编了一大堆的项目，一规划就是几十亿、上百亿的投资，不仅不符合实际，事实上也根本就没有经济能力来完成。还有的规划，形式主义色彩很浓，过分追求规划的亮点，强调规划的色彩，却忽略了规划的实用性本质。

许多规划确实存在就像群众所说的那样：规划规划，写写画画，墙上挂挂。话说得虽然有些偏激，但也提醒我们再这么做下去肯定是有问题的。随着改革的不断深入，特别是在"三严三实"重要思想指导下，我们的规划今后一定要坚持做到"谋事要实"。

此外，我国现在正在推行建设现代农业，但"现代农业"不等于高配置的"豪华农业"，不是高档设施和装备的简单堆积，赔钱赚吆喝更不是现代农业应有的特征。

事实上，目前我们已经有许多的园区和所谓高科技示范基地，由于农业产出效益低，投入的大量资金和装备难以收回投资而举步维艰，更别说获得净收益了，只有硬撑着期待新项目的继续支撑。可即便申请到新项目，那更是雪上加霜。

因此，现代农业不仅意味着设施和装备的投入，更应该是一个"优化"的农业。是一个从生产经营机制、农业生产设施与装备、农业科技支撑、农业从业者素质、信息化管理和综合效益等多方面考虑、综合优化的结果。

3 编制农业产业发展规划首先要做好研究

农业产业发展规划，我们可以理解为，是一个全面的、较长期的制订农业发展计划与部署的顶层设计，是根据国家或某一地区在一定时期内国民经济发展的需要，充分考虑市场与现有生产基础以及生态、经济、技术条件和进一步利用改造提升的潜力与可能性，来制定一个具有一定时期的、有科学依据的农业可持续发展设想、努力目标和主要任务以及投资安排与实施措施等。可以说，规划就是对原有空间的优化再利用。

因此，农业产业发展规划就是要根据未来发展需求，以建设现代农业和坚持可持续发展为准则，以提高土地产出率、资源利用率、劳动生产率和农民增收为目标，进行科学谋划。规划不能仅仅堆出一堆东西，规划要有依据，要有数据支撑，不能凭想象，还要力避"大话""空话"和"套话"。规划应在实地调查的基础上，结合当地及省市县和国家统计年鉴等有关数据与资料，运用SWOT等分析方法，对当地资源、气候条件、农业生产传统和经验以及现有农业产业发展情况等进行优势和劣势分析,特别是要找出制约农业发展的"瓶颈"和可能改变不利因素的措施。同时,根据自身及周边市场以及国际、国内大市场需求和自身资源优势或比较优势,来分析判断规划区未来农业发展的方向、重点等,为规划发展思路、发展重点和产业布局提供科学决策的依据。

也就是说,规划思路的提出,是在深入调查分析的基础上,遵循可持续发展原则,以提高"三率"和农民增收为目标,运用规划的相关理论,找出规划发展的抓手,明确提出农业发展的总体思路。在发展总体思路基础上具体谋划出具有发展前景的战略性主导产业、加强发展的原有优势产业(原有优势产业也可能成为战略性主导产业,但由于市场趋势变化或发展的需求,原有优势产业也有可能不一定成为今后发展的战略性主导产业,但仍需要继续加强以保证整体发展的稳定)及需要保持发展的一般性产业,提出促进发展的系列措施和重点项目,通过系统的规划来实现发展的目标。

例如,青海省一些生态比较脆弱的地方,经过思考,改变发展方式,将原来用于种植粮食的旱地、薄地改为人工种草,将原来养羊、养牛传统放养的方式改为舍饲养殖,既保护了生态又提高了农民的收入,可谓一举两得(图1)。

图1 青海发展方式改变前后

需要特别指出的是，规划思路和产业的提出，一要符合发展的趋势，二要符合发展的实际。特别是不能过分注重形式和渲染，要有内涵和自身特色。当然，可以在规划宣传的表达方式上创新，特别是利用现代科技手段（包括多媒体和遥感技术等）来宣传、表达规划理念，强化规划方案的视觉效果。

此外，农业的发展也离不开"品牌"的打造，因此，在发展思路上也要提出品牌的谋划和培育措施。品牌要有一定的集中度，一个地方的农业或一类农产品，如果品牌太多、太杂，也就成了个"名号"，形不成品牌效应，品牌也就失去了意义。可以说，品牌＝特色＋品质＋规模＋标志＋宣传＋时间。因此，品牌的打造不仅要制定一整套措施，还要扎扎实实地进行培育。

4　规划前要着重分析规划区的优势和比较优势

在规划分析时，我们不仅要注重对规划区域优势的分析和挖掘，还要特别注重比较优势的分析。因为，往往迫切希望突破性发展的地方，也往往是看上去没什么优势的地方。没有明显的优势，也并非不存在比较优势。

例如，以前我们搞新农村建设规划的时候，四川省某县一个村，找我们帮助做一个新农村和产业发展的规划。这个村比较穷，虽然区位较好，就在去某著名风景区的路上，但属于河谷地带。村子就在公路边上，村中只有一条小街，公路的另一边下面是一条江，在村庄上面的山坡地上种了一些杂果、杂粮，面积大点儿的粮田基本没有。当时正是当地土李子收获季节，我们尝了一下，比较酸涩，品质比较差。由于村子所处位置一般，也没有太大的特色产业，搞了一点农家乐，路过的车辆也没多少停下来消费的，所以村领导和村民都很着急。但是通过与乡镇和村干部座谈，知道这里枇杷非常好。原来这里海拔较高，昼夜温差大，枇杷非常甜，成熟季节也比成都等平原地带晚了二十天。也就是说，成都产的枇杷高峰期快过了，这里的枇杷才刚要下来，像反季节蔬菜一样，而且品质还好。枇杷还有一定的药用功效，所以大家都喜欢吃，特别是老年人，价格也不错。于是就确定了以枇杷为特色主导产业的发展思路，并受到了乡镇领导的重视，还计划沿线打造一条枇杷沟，来发展特色沟峪经济（图2）。

通过这个案例可以看到，不同的"气候"也能成为优势，特别是原本认为并不是很好的气候地理条件，在发展不同产业时反而具有了较好的比较优势。有些地方工业不发达，但其污染就轻，就具有发展绿色农业和有机农业的天然优势。这也提醒了我们，在搞规划时要首先进行发展研究，一个地方即使条件再差，也都可能存在一定的比较优势。只要用心研究，用心挖掘，就能找到发展的出路，就能改变农村的落后面貌。

图 2　四川某村的枇杷产业

5　规划目标的确定既要先进又要符合实际

根据发展思路和需求分析，提出产业发展的具体规模和需要努力实现的目标，如各产业发展的规模、产能、产值、质量、基础设施建设、农业机械化水平、良种推广率、新技术应用、生产效率、生态效益和促进农民增收指标等。

我国地域辽阔，气候差异大，农产品种类多，56 个民族，13 亿人口，农业的发展模式不可能有一个统一的模式和标准，因此，就要根据规划区具体情况，实事求是地进行规划，并尽可能地制定具有当地特色的发展思路、发展重点和目标。

同时，编制农业发展规划目标和支撑实现目标的建设内容，要坚持在可持续发展的原则下，围绕市场需求来规划未来产业的发展并着重体现土地产出率、资源利用率、劳动生产率的提高和农民增收。

农业不同于其他行业，农业大多是在原有基础上进行规划，因此，当发展思路确定以后，除根据市场需求规划出一些新项目外，其他建设内容都应以重点解决当前薄弱环节或整合构建产业链以及如何建设现代农业来进行规划。

因此，发展思路的提出不仅要精准，规划建设的内容和目标更要符合发展实际。特别是规划目标的确定,既要体现先进性,又要注重符合实际,不能好高骛远。

那么,什么样的目标才算先进、合理?那就是目标的制定不仅要具有先进性,而且必须是通过努力能够实现的,才算先进、合理。

6 产业间的规划布局要合理衔接与融合

当一个规划的思路、目标和战略性主导产业、原有优势产业以及一般性保留产业确定后,就可进行产业的空间布局规划。通过战略性主导产业和优势产业及重点项目的实施,来实现规划的目标。

在规划布局上要根据规划区资源条件、区块大小和道路条件等因素进行综合考虑,合理利用土地,并结合土地流转情况,明确规划出各产业的规模和布局。特别是要注意产业间的合理衔接与融合,如:乡村建设与农业产业发展相衔接(如粮食主产区今后要考虑规划建设粮食烘储中心,果蔬主产区要考虑预冷设施和冷库的建设,特色农产品要考虑加工区的建设等);种植业和养殖业合理布局与衔接(如通过匹配相关养殖业来消化农作物的秸秆);加工业和物流业合理布局与衔接(如通过物流业的发展来带动一二三产融合与发展);等等。在规划时还要结合农业的生态功能和休闲功能进行系统规划。

特别需要指出的是,在规划开始就要考虑生产单元的组织结构、规模和发展趋势,进行科学布局,为实现未来先进的经营模式奠定基础。对于需保留的一般性产业,虽可能不列为建设重点,但也应进行合理地规划布局和进行一定程度地建设。

同时,还要对提出的战略性主导产业和优势产业以及需要保持的一般性产业分别进行详细规划与描述,并列出各产业规划的规模、建设的主要内容、技术措施、科技应用和预期产能等。

目前,农业产业发展规划涉及的主要产业有:种业、种植业(包括设施农业)、畜牧业、渔业、林果业、农产品加工业、物流业、观光农业、乡村旅游、社会化服务体系(包括农机化、信息化、农业金融、科技支撑体系等)以及农业生态环境保护、资源综合利用和循环利用等产业。各产业建设内容、规模和目标(包括产能和预计产值等)的规划一定要将规划区资源情况、市场需求预测和当地经济能力等相关因素结合起来通盘考虑,统筹规划。

在规划布局中,还要特别注重种、养、加、销的配套规划,逐步构建产业链并逐步向全产业链方向发展。当然,产业链的构建应建立在价值链的基础上,结合价值链来构建科学的产业链。同时,还要考虑产业发展与人口流动的关系,通常产业聚集与人口的流向呈正相关。因此,还要统筹好县乡的总体规划。

另外，农业也已经融入"e"时代，"互联网+"已经为农业装上了起飞的翅膀。目前，许多特色农产品生产合作社和农民种植加工户通过网络电商与快递在经营自己的特色农产品。比如，种植和加工一些精品茶叶、精品菊花和特色水果等，通过互联网上的电商进行销售、快递投送等。类似于这样通过网上销售、创建特色品牌、自主经营的模式，将会吸引一些有文化的年轻人归乡创业，意义重大。今后的农业也可能会出现一些一头往大的方向发展，一头往小的方向发展的新模式。因此，规划也要不断地分析新情况，不断地运用新事物来推动农业的发展。

还有，在空间布局上，人们有时为了强化规划思路的特色，经常采用一些概括性语言来形容空间布局的模式，如"一带一路""一轴两带""一轴三纵""三二一工程"等，并在规划报告中适当配插一张或几张有关规划思路与空间布局的插图。这都是很好的概括性表达方式，但也不能硬凑，硬凑就俗了。

7 规划要认真做好重点项目的谋划

我们知道，一个规划想得再好、文字写得再漂亮，如没有合适的项目来支撑，这个规划也基本是空谈。在农业规划实践中，经常会听到这样的描述：发展需思路，思路出规划，规划出项目，项目出产品，产品出效益。由此，可以看出项目对规划的支撑作用，同时，项目也是实现规划目标的重要抓手。但现在相当多的规划，提出的重点项目里只给出了一个名称和规模以及投资。至于为什么？市场前景如何？投资核算准不准？有没有能力投入？能不能产生效益？都不去管。可想而知，这样的重点项目一旦上马，是有多么危险。

因此，我们在编制规划时，一定要做好项目的谋划，特别是重点项目的谋划，资金要用在刀刃上。但项目的谋划是一件非常复杂的事情，决不能草率行事，更不能靠拍脑袋，一定要做好诸如资源、市场、技术、经济和投资等方面的调研与分析。根据自身优势和市场需求与容量做出符合发展实际的判断，然后选择适合的项目。

例如，当年我们在做拉萨市辖县的一个新农村建设示范村规划时，我们根据规划提出的产业发展思路和一些重点项目，到拉萨市内相关企业进行对接调查，包括需求、规模以及质量要求等，以便做到胸中有数，这样我们提出的规划思路和重点项目才有底气。所以，在向当地领导汇报时，我们就可以讲为什么要发展这些产业和重点项目，包括拉萨市这些农产品加工企业的产能规模有多大，市场情况是怎样的。此外，我们发现西藏品牌具有很高的价值，有些产品已经远销到港澳地区或国外等，价格都很高。市场和品牌已经打开，而恰恰最薄弱和最迫切的就是农产品加工原料的供应问题，因此，通过调查研究，这样的产业规划实施起来就有了保证，而且意义很大。

另外，重点项目的选择一定要体现对农业发展的带动作用。特别是加工业重点项目，一定要体现龙头拉动的作用。

还有就是重点项目的选择，要特别注意区域的均衡性。常常会出现这样的情况，有些项目刚一建成就发现进入了一个竞争非常激烈的泥潭，由于进入比较晚，最后不得不败下阵来。

再者，发展一二三产融合，特别是项目的选择与合作，不能生拉硬拽，硬凑出来的一二三产融合是没有生命力的。一二三产融合是一个自然过程，一要看前景，二要看基础，三要看条件，四要看意愿。只有这些条件具备了，才能水到渠成，再通过政府助推一把，就能发挥出一二三产融合的强大动能。

例如，北京 2000 年前也有一个非常落后的村子，处于丘陵地带，只有 2 000 多亩的河滩地，根本没有发展的基础优势。后来村干部为了发展，通过专家的指引，在当地政府的支持下，选择了酿酒葡萄种植和酒庄酒生产，贷款购买了国外小型酿酒设备开始发展。由于酒庄酒属于定量生产方式，2 000 多亩的规模也正合适，加上适逢酒庄酒在我国刚刚兴起，项目一炮打响。后来还在专家的指导下建立起"酒文化"旅游项目，真正形成了一二三产融合并一举改变了落后面貌，成为远近闻名的富裕村（图 3）。

图 3　北京某村酿酒产业的开发建设

通过这个案例可以看出，如果项目选对了，就可以一举改变落后的面貌，但如果选错了，不仅投资打了水漂，甚至还会因此背上沉重的包袱。

例如，前两年风靡一时的南美"小萝卜"玛卡（图4），在社会疯狂的炒作下，其价格飞涨，于是一些地方不进行深入市场预测，一味地跟风，大量划地种植玛卡，最后导致玛卡的价格一落千丈，教训不可谓不深刻。当然，玛卡也并不是一无是处，但上项目不能被忽悠，不能不做分析地一味跟风。

图4 "小萝卜"玛卡

因此，重点项目的选择一定要慎之又慎，如果预测失准，项目选择不当，一旦上马就可能造成财力、物力、人力和时间上的巨大损失。为此，笔者还专门撰写了《农业产业化项目选择分析与规划》一书，不仅系统地介绍了项目选择分析决策的方法，还列出了大量成功与失败的案例，以供参考和借鉴。

8 规划编制要特别注重实施计划的制订

目前，我们看到的许多规划中很少有编制规划实施计划的。一个规划会包括许多方面的建设内容和投资，特别是一些较大的、综合性的规划。事实上，现在许多规划变成了只能"看"的规划，其中一大原因就是由于规划的资金投入很大，却无法落实，加上项目的规划又没有体现出轻重缓急和先后次序，项目相互之间的关系没有深入分析，没有给出一个渐进建设的思路，导致实施者面对一大堆项目和对于当地来讲属于天量的投入资金而无从下手，最后只能束之高阁。

因此，要按照"整体规划、分步实施"的原则，根据轻重缓急和建设次序以及资金投入的能力，按照年度或分期、分批制订出规划实施的计划，以利于扎扎实实地一步一步实施。通过编制规划实施计划，还可反观规划的合理性，及时做出必要的调整。

当然，做了一大堆项目和一大笔投资，有些是委托方原因造成的。但随着改革的逐步深入，再做这样的规划恐怕维持不了多久。就算是委托方还想做这样的规划，如果我们能做一个合适的实施计划，那么排在前面的重点项目就很有可能实施，那不也是一个了不起的贡献。

同时，为了保证规划实施的管控，还应该落实和列出规划项目实施的主管部门与责任人（如某某项目的主管部门为某某局、责任人为某某局长等），这样的规划发下去，大家分工明确，职责明确，确保规划的顺畅实施。

此外，要做好运行体制、机制的研究，发展现代农业很重要的一点是要探索出适合于我国和当地现代农业发展的体制、机制，然后才能顺利地推进现代农业的建设和高效运行。

另外，规划的实施是一个循序渐进的过程，领导还要有"功成不必在我、功成必定有我"的高尚思想，坚持规划的正常实施。不能今年这个领导要上这个产业，明年新来了个领导又要上另一个产业。

9 规划编制应注重前景分析

规划的目的就是为了发展和实现更大的综合效益，因此，发展规划的编制一定要对规划实施后所能产生的效果进行分析和预测。目前，做得比较好的规划是对经济效益、社会效益和生态效益三大方面进行分析，但并未对规划实施后的整体效果给予综合描述，是零碎的、不完美的。如果没有一个概括性的、总体性的规划前景描述，一是使人很难看出规划实施后的综合效果，二是也容易让人对规划的效果产生疑虑。特别是投入了这么大的资金，到底会产生一个什么样的总的结果，这也是一方领导和群众所特别关心的事情。

因此，在经济效益、社会效益、生态效益分析和规划指标的基础上，对规划实施后预期产生的效果做出一个整体性的、概括性的判断，描述出一个发展的轮廓，勾画出一张发展的蓝图，让人一看就知道规划实施后会是一个什么样子。具体包括硬件建设、体制机制建设、生态体系建设、投入产出情况、农民生活改善和对区域经济发展所起的促进作用等，那将是规划的一个提升。当然，规划前景的描述必须要建立在实事求是和科学分析的基础之上，不能任意夸大或盲目拍脑袋。

10 农业产业发展规划未来展望

目前，我国正在探索更加科学、合理的规划模式，有的已经提出了"多规合一"，还有的提出了规划的"统筹、融合"。大意是"全域统筹、城乡一体、多规合一"，来绘制一张蓝图统筹解决发展的问题。

当然，不管怎么"合"，怎么"统"，都应该是一个自上而下、自下而上，由"统"到"分"，再从"分"到"合"的过程。特别需要指出的是，一张蓝图容不下所有的产业，只能划定一个边界，加上各产业的特殊性，大蓝图下还得有各行各业的小蓝图。因此，农业发展的规划总得有专人做，更何况，农业的这条"红线"还得要保证，只不过是今后如何统筹与融合的问题。

今后规划的用途也会发生改变，现在多数只能"看"的规划，今后就会转变为多数是要"干"的规划。过去"虚"的，今后就会变成比较"实"的。特别是政府投入的资金，一定要起到"四两拨千斤"的杠杆作用。

注释

① 本文为李笑光研究员在由农业农村部美丽乡村创建办公室、同济大学、海门市人民政府联合举办，由同济大学建筑与城市规划学院和经济与管理学院、上海同济城市规划设计研究院和江苏省海永镇共同承办，由江苏省美丽中国（空间）建筑设计产业园协办的"美丽乡村创建论坛"上所做的特邀报告速记稿基础上改写而来，并经作者审定修正。（原报告整理人：杨犇、奚慧）

乡村振兴战略下白鹿原地区发展研究

史怀昱　胡小凯

摘　要　实施乡村振兴战略，是党中央作出的重大战略部署，是广大农民群众的殷切期盼，是新时代"三农"工作的新旗帜。白鹿原位于西安大都市区内部，地貌特征明显，历史文化深厚，村庄集聚分布，农村要素齐全，农业产业化有一定基础。文章提出以城市公园的形式从区域层面解决乡村地区振兴问题，提出产业、文化及空间方面的发展策略，并以绿道及公共休闲空间的率先建设为抓手为农村地区提供机会，积极探索白鹿原地区乡村发展的新模式。

关键词　白鹿原；乡村振兴；绿道；城市公园；黄土台塬

党的十九大报告明确提出"实施乡村振兴战略"的新发展理念，这意味着"乡村振兴"首次上升到国家战略层面，成为城乡发展的重大战略性转变[1]。2018年初，《中共中央国务院关于实施乡村振兴战略的意见》发布，提出按照产业兴旺、生态宜居、乡风文明、治理有效、生活富裕的总要求，统筹推进农村经济建设、政治建设、文化建设、社会建设、生态文明建设和党的建设。在过去的五年中，"乡村"一词已经在我国城乡规划的语境下全面回归，美丽乡村建设、传统村落保护等在全国广泛开展。"乡村"这个重要地域空间类型和社会经济文化角色，已成为重塑中国乡村现代化和新型城乡规划的契机，受到城乡规划学界前所未有的关注。

白鹿原位于西安市东南，西临浐河，北依灞河，南至鲸鱼沟，三面环水，距市中心15千米，总面积约80平方千米，是西安境内最高、最大，也是保存最为完好的风成黄土台塬。这里居高临下，依山傍水，共分布有66个行政村、6万余村民，自古至今均以农耕为主，可谓大西安都市区内部的一片生态净地。然而，随着城镇化进程的快速推进，城乡之间人口大量流动，城镇建设用地逐年增加，乡村居民点逐渐被蚕食，乡村产业不强、特色不够、活力不足的现象愈加凸显。这些问题既有地域代表性，又兼具了广大乡村地区，特别是大都市近郊乡村地区的特点。因此，剖析白鹿原地区乡村发展的特征和问题，探寻发展策略与方法，对于促进该地区的城乡融合发展、乡村振兴发展具有重要的现实意义，同时也可为其他地区乡村发展提供参考和借鉴。

作者简介

史怀昱，陕西省城乡规划设计研究院院长，教授级高级工程师，中国城市规划学会乡村规划与建设学术委员会委员；
胡小凯，陕西省城乡规划设计研究院，高级工程师。

1 白鹿原概况

白鹿原，又名"长寿山""霸上"，被秦岭"七十二峪"切割得支离破碎的诸黄土台塬中，白鹿原是面积较大、地理特征突出、地貌奇特又毗邻帝都，历史文化积淀深厚而最负盛名的一个。

1.1 地理特征

"原"同"塬"，黄土台塬地貌是陕西关中及其北部地区的一种特色地貌形态。这种特殊的地貌类型，在古代渭河冲积阶地的基础上被风积黄土覆盖，复经晚近地质垂直断裂运动与河流切割后形成的阶梯状或台状黄土台塬。台塬地貌作为秦岭向城市内部的延伸，成为西安城市地貌的重要特色，承载了历史、人文、地理、自然、社会等多方面的职能。白鹿原海拔 600—780 米，是西安"八水十三塬"山水格局的重要组成部分。这里塬高坡陡，地势雄伟，塬上平坦开阔，自然优美，天气晴好时可以在塬上鸟瞰西安市区。

1.2 历史文脉

白鹿原得名较早，《三秦记》云："周平王东迁之后，有白鹿游此原，是以得名。"据唐人李吉甫著《元和郡县图志》记载："白鹿原，在京兆府万年县东二十里，亦谓之霸上。汉文帝葬其上，谓之霸陵。"因特殊的地理区位及自然环境，白鹿原自古就是帝王游猎之处、兵家必争之地、西汉皇陵所在，留下了丰富的历史文化遗存和民间传奇故事。在当代著名作家陈忠实先生的笔下，《白鹿原》一书横空出世，上演了一部关中平原五十年变迁的雄奇史诗，引起了全国乃至世界的关注。

1.3 城市功能

在大西安九宫城市格局中，白鹿原犹如一块天然生态绿楔嵌入西安大都市区，是宏观城市结构的绿色腹地。随着西安国际化大都市的推进，白鹿原由城市远郊区逐步演变为秦岭楔入城市的生态廊道，具有非常重要的地位与作用。在白鹿原西南的二道塬区域为大学城科教产业园，近年来已建成西安思源学院、海棠专修学院等七所大中专院校。根据西安市总体规划第四轮修编及灞桥区分区规划，大学城已被纳入西安市主城区建设范围内。

2 乡村发展特征

2.1 塬面村庄密集，人口规模较大

白鹿原地区总面积 79.9 平方千米，在塬面及两侧塬坡分布有 66 个行政村，共计

16 759 户，村庄总人口 65 097 人。总体来看，村庄的分布及规模受地形影响较大。塬面上地势较为平坦，村庄人口大部分在 1 000 人以上，人口最多的村庄为狄寨街村，达 3 780 人，整体呈现用地平坦、人口规模大、聚集程度高的特点，且村与村之间相距较近，交通便利；塬两侧坡面及鲸鱼沟附近分布的村庄，受地形因素所限，人口规模多为 400—600 人，村庄顺地势多呈带状分布。

2.2　农业产业化有一定基础

白鹿原自然条件良好，农耕历史悠久，自 2009 年成立白鹿原现代农业示范区以来，农业产业化已有一定发展。目前已初步形成樱桃、葡萄、核桃三大农业种植基地，以及白鹿原现代生态农业示范园、西园生态农业观光示范园、秦灞庄园、白鹿原葡萄主题公园、鲸鱼沟生态农业博览园等现代农业园区。农业园区多为企业或个体经营，以租让的形式从农民或村委会手中获得土地，分布在中心塬面。除中心塬面外的村庄多以村民自发进行林果种植为主，产业化程度较低。

2.3　分区域差异化发展

各村庄产业发展受自然条件、地形地貌等条件影响，分区域差异化发展现象明显。二道塬上临近大学城的村庄，如潘村、张李村、新华村以大学城服务配套为主；主塬面上村庄以现代农业及农业观光采摘为主；鲸鱼沟沿线村庄以传统农业及鲸鱼沟旅游服务配套为主；西侧塬坡面及坡下村庄，因自然气候条件适宜种植樱桃，以樱桃种植及观光采摘为主；东侧塬坡面以林果种植、床垫加工、家具加工为主（图 1）。

图 1　乡村产业分区域差异化发展

2.4 城市与农村混杂的"二重性"

因地处西安大都市区内部，白鹿原地区的村庄在某种程度上兼具农村与城市的双重特征，包括村庄经济特征、空间形态、社会文化等方面，尤其是大学城附近及塬下城乡交错带的村庄表现得更为明显。例如紧邻大学城的潘村，大量失地农民已脱离第一产业从事第二或第三产业，因城市空间不断渗入而形成独特的准城市型乡村。在白鹿原南部的村庄，受城市侵入影响较小，部分保留了关中地区的乡村特点（图2、图3）。

图 2　紧邻大学城的潘村

图 3　白鹿原南部村庄

3 总体发展思路

3.1 发展分析

结合白鹿原独特的自然地理特征、历史文化背景以及乡村发展现状，从产业、文化及空间方面分析梳理区域发展的核心特质及存在问题。

产业方面：农业产业化已有一定基础，村庄集聚性较强，与城区互动良好，但存在农业品牌不够鲜明、特色不突出，村与村之间互补性及差异性不突出，旅游产业发展滞后，基础设施薄弱等问题。

文化方面：历史文化底蕴深厚，但缺乏完整、系统的物质空间基础；二道塬上高校云集，大学生为这片区域带来了活力与创新的机遇，但目前白鹿原地区仍缺乏开放共享的交流空间。

空间方面：位于西安大都市区内部，交通便利，但城乡之间、村与村之间仍需要有序地串联；地貌类型多样，公共休闲、活动空间需要提升；生态基底良好，但因城市功能的入侵，乡村环境与特色逐渐受到负面影响。

3.2 总体目标

综上，研究确定白鹿原地区发展的总体目标为"白鹿原城市公园"。城市公园是一个始于近现代背景的新型绿地形式，其出现的直接原因是城市人居环境的恶化与社会健康问题的爆发。而随着经济的发展，人群层次不同和收入差异引发了城市休闲方式与生活方式的多样化，公共绿地与城市功能性用地联系越来越紧密，城市绿地需要同时具备大众休闲、城市旅游、交通集散和时尚消费的功能，甚至要与城市开发和更新改造结合起来。因此，研究提出在白鹿原地区打造融合生态观光、文化体验、休闲健身及林果采摘等功能于一体的"白鹿风土栖息地，文化活力新田园"，不仅从区域层面解决乡村地区的转型发展问题，将白鹿原的绿水青山变成群众的金山银山，同时也是通过复合型、多元化的城市公园功能促进城乡共融发展的动力。

3.3 乡村发展策略

3.3.1 产业发展层面

（1）融入鲜明的主题和创意

针对现状已建成的农业园区，提出赋予不同的鲜明主题，在建设与经营过程中不断融入创意和主人的情感，让游客强烈感受到设计者的情感与追求。同时，借鉴台湾等地区农业园的发展模式，创意开发品牌农产品文化及周边产业，提升乡村休闲农业的特色及吸引力。

（2）提升文化休闲、服务接待功能

有效整合乡村文化资源，促进产业发展与文化休闲的融合；通过民宿改造、会议接待、高端住宿等形式对原有村庄进行修缮和改造，形成差异化发展，提升村庄旅游服务接待的水平。依托休闲、观光客流量的不断增多，村庄自发提升自身设施水平，改善村庄风貌，实现产业与村庄环境更新的协同发展。

（3）转变传统组织经营模式

由企业单独经营转变为"企业+基地+农场/农户""合作社+基地+农场农户""公司+协会+农场农户"等多种形式的组织经营模式；村集体的流转土地在参与社会经营时可以股份的形式形成长期的收益机制，使村民共享发展红利。

3.3.2 文化发展层面

（1）培育关中文化栖息地

明确对文化载体及非物质文化遗产的传承与保护，包括保护乡村景观、乡村建筑和聚落，通过对民俗及非物质文化遗产的传承培育关中风土的栖息地。

(2）构建交互活力新平台

依托白鹿书院、白鹿文化研究院，形成地方学派聚集地，定期开展文化交流活动，提升区域的文化氛围，构建交互活动的文化新平台。

3.3.3 空间发展层面

（1）村庄活化——探索乡村发展创新模式

改变传统城市化拆除村庄、建安置房的途径，转而探索以绿道作为首轮驱动力催化白鹿原地区乡村活化。通过绿道串联整个白鹿原地区的自然生态风光、历史遗址、景观节点、特色乡村及各类产业空间，形成整体的、系统的线性开敞空间；同时，以绿道这种投资少、易实施、见效快的项目作为抓手，反向催化沿线村庄自发地提升自身景观风貌，完善服务设施，为游客提供文化休闲体验，从而实现乡村的振兴。

此外，以自然文化资源为特色打造一批农业全息型、文化沉浸型、生态情感型和技艺活化型特色村庄，分别依托乡村独有的农业资源、世代传承的文化资源、塬田林水的生态底蕴以及传统手工艺，对村庄进行改造提升，增强乡村吸引力。

（2）乡土保育——延续千年白鹿风土乡情

在大西安九宫城市格局中，白鹿原犹如一块天然生态绿楔嵌入西安大都市区，是宏观城市结构的绿色腹地，是秦岭的延伸。在发展中，应尊重与保护这片西安大都市区内部的乡村净地，保留原有的乡村环境，延续村庄与周边地形地貌、自然环境等的基本关系，传承白鹿原地区乡村独特的风土乡情，控制城市无序蔓延对乡村环境的侵蚀。

（3）景观整合——提升塬田林水特色风光

在尊重现状农田林带的基础上，根据视觉效应微幅调整农田肌理，提升农业景观，并通过动态控制与引导，实现农作物的季节化轮种，提升农业产业的景观效果。同时，依托白鹿原的地貌特点，规划系统的栈道、观景台等景观游憩设施，形成以现状土地资源为特征的多种体验空间。

（4）功能共享——营造绿色多元开放空间

白鹿原地处西安大都市区内部，在这一特殊区位的背景下，本次研究提出在不破坏乡村环境的前提下，沿绿道适当布置多样化的活动空间，积极承载城市迫切需要的生态休闲、健身康体等功能。

4 基于乡村振兴的白鹿原绿道网构建

在明确了白鹿原地区乡村发展的总体目标和发展策略之后，研究对绿道进行了空间落位，充分挖掘利用已有资源，彰显农田、林果、台塬、水系、乡镇等的不同特色，打造融合乡土景观、休闲观光、户外运动、村庄振兴的绿色发展之"道"。

4.1 空间结构

根据现状分析及发展潜力研究，因地制宜地规划了全长5 014千米的绿道系统，连接现有5个景点、19个园区和22个村庄，并基于白鹿原生态绿色台塬的优势，策划了6个主题区段，新增20个特色项目。在空间上，通过一条主环线、一条支线、两条连接线及四个步行发展区，构建便捷通畅的绿道体系。

其中，绿道主环线主要沿狄寨路、鹿鸣路、白鹿北路、农安路、风光路及部分村道、机耕路布置，串联白鹿原地区主要的景点、园区及特色村庄，是绿道观光体验的主环线；绿道支线主要沿鲸鱼沟北侧布置，依托现状村道、机耕路与主环路联系，为山地自行车爱好者、自然探索者提供一条因山就势、自然野趣的绿道；两条绿道连接线，一条向北沿双塘路与纺一路相接，一条向西沿东月路与浐河东路相接，建立白鹿原与城区的绿色联系；四个步行发展区，是以西园、窦皇后陵、白鹿原葡萄主题公园及秦灞庄园为核心发展步行系统的重点区域。

4.2 主题策划

相较于城市绿道能够吸引大批的投资者，乡村绿道由于乡村分散的居住形态和农事活动，更需要休闲产业的支撑来活化和复合化绿道，带动乡村综合经济的发展。因此，白鹿原绿道在充分挖掘已有资源的基础上，策划六大特色主题区段，彰显农田、林果、台塬、水系及村庄的不同特色，根据区段特色配置项目，丰富白鹿原绿道沿线的休闲体验活动（表1）。

其中，白鹿记忆主题段以两处汉陵遗址公园（汉薄太后陵及汉窦皇后陵）建设、金星村及南大康村的美丽乡村建设为依托，打造历史文化与乡土文化的重点展示区，并配套综合服务功能，让游客在这里穿越古今、深度体验白鹿文化韵味；跃动田野主题段以新增开敞空间为主，打造面向全社会、多功能的户外运动休闲场地；花舞台塬主题段以生态观光为主，营造开阔舒朗的田园景观氛围；竹韵水波段以姚家沟传统竹编工艺为特色，打造传统手工艺体验及滨水休闲游憩的美丽乡村；葡萄文化主题段以现状葡萄园为依托，开展观光、采摘、主题体验等活动；林荫野趣主题段以自然景观为主，开展自然生态观光及科普教育等活动，并新增极限运动场地及特色台地园。

表 1 白鹿原绿道主题区段及项目策划

主题区段	位置	已有休闲景观资源	新增项目策划
白鹿记忆	狄寨北路西段至鹿鸣路两侧	四季假日休观光园、白鹿仓景区、狄寨印象农庄	一级驿站、汉薄太后陵遗址公园、鹿鸣路亮化美化、金星村改造提升、汉窦皇后陵遗址公园、南大康村改造提升、社火广场
跃动田野	风光路东西两侧	白鹿原关中马育种基地、夏寨都市农业观光园、润荷庄园	房车露营地、儿童活动场地、休闲运动场、极限运动场、田径场、康复花园
花舞台塬	双塘路两侧	景田现代农业生态示范园	观景平台、塬坡生态修复、麦田音乐场
竹韵水波	姚家沟村至鲸鱼沟沿线	鲸鱼沟生态农业博览园	姚家沟村改造提升、竹艺工坊、竹子主题乐园、滨水游园
葡萄文化	白鹿北路沿线	白鹿原葡萄主题公园、白鹿原现代农业生态示范园	葡萄文化长廊、葡萄迷园、葡萄体验工坊、二级驿站
林荫野趣	塘村至鲸鱼沟沿线	秦灞庄园	塘村改造提升、自然学苑、特色台地园、极限山地车赛道

4.3 建设指引

考虑绿道建设的生态化、本土化及可行性，绿道的选线结合现状地形，充分利用现有道路、机耕路和道路绿化带等资源，避免大填大挖，结合现有地形、水系、植被等自然条件，保护和修复绿道及周边的生态功能、生态景观。同时，依托现状村庄进行服务设施布局，选择质优价廉的建设材料，并与周边环境相协调，体现当地特色。在现状路面条件较好的地区可不铺装，在满足使用强度的基础上，保留部分土路，打造自然野趣的骑行体验（图4、图5）。

图 4 双塘路绿道改造效果图

图 5 农园路绿道改造效果图

5 结语

实施乡村振兴战略，是党中央作出的重大战略部署，是广大农民群众的殷切期盼，是新时代"三农"工作的新旗帜。本文基于白鹿原地区特殊的地理区位、独特的自然环境、现状发展趋势等因素，提出以建设城市公园的形式从区域层面解决乡村地区的发展问题。一方面，突破以往就乡村论乡村的发展方式，转向探索城乡之间的互动关系，在乡村振兴的同时承载城市迫切需要的生态休闲功能；另一方面，以绿道及公共休闲空间的率先建设为抓手，为农村地区提供发展机会，通过外部动力催化乡村自发地进行更新与发展，创造就业机会，避免衰退。

注释

① 习近平：《决胜全面建成小康社会　夺取新时代中国特色社会主义伟大胜利：在中国共产党第十九次全国代表大会上的报告》http://news.cnr.cn/native/gd/20171027/t20171027_524003098.shtml，2018年3月20日。

参考文献

[1] 卞寿堂：《寻找白鹿原》，陕西旅游出版社，2012年。
[2] 李韵平、杜红玉："城市公园的源起、发展及对当代中国的启示"，《国际城市规划》，2007年第5期。
[3] 宁志中、王婷、邱于哲等："乡村绿道休闲产业系统规划实践——以浙江仙居永安溪绿道为例"，《规划师》，2017年第3期。
[4] 姚睿："我国城市公园的功能演变分析"，《城市规划学刊》，2013年第7期。

促进乡村发展建设的政策措施及实施机制研究
——以贵州省"四在农家·美丽乡村"基础设施建设六项行动计划为例

邹海燕　栾　峰

摘　要　随着国家新型城镇化战略和"美丽乡村"建设的实施推进,"促进城乡一体化、让农村地区居民共享发展成果"成为新时代重要的发展要求,一系列促进"三农"稳定和乡村发展建设的政策相继出台,全国各地积极响应并结合地方发展实际制定了相应的实施策略。其中,贵州省作为我国西南典型的多民族聚居地区,农村贫困人口较多,在促进"三农"发展的政策制定与实施方面进行了长期探索,积累了较丰富的经验。2013年,响应国家"美丽乡村"建设要求,贵州省在总结多年农村发展实践的基础上,提出"四在农家·美丽乡村"创建活动,重点实施"小康路、小康水、小康房、小康电、小康讯、小康寨"基础设施建设六项行动计划,以全面改善农村生产生活环境。目前,该政策已在全省范围内大力实施并取得一定成效。本文以该政策作为研究对象,通过分析政策内涵以及政策实施管理的过程与机制,总结政策制定与实施管理的四条重要经验:一是弹性化、分层次细化政策实施目标与措施内容;二是建立权责一致的协作管理模式;三是采取科学的项目管理方式;四是始终关注乡村实际需求并重视村民参与。

关键词　乡村发展建设;政策制定;政策实施

　　农村、农业、农民"三农"问题,直接关系到国家的稳定和发展,一直受到国家高度重视。随着国家宏观发展的新理念提出和新战略实施,解决"三农"问题的政策要求也在与时俱进并日趋丰富。推进现代农业发展和社会主义新农村建设,促进农民增收,始终是"三农"领域发展的核心导向,也是实现新型城镇化和全面建成小康社会目标的重要举措。

　　早期国家涉农政策主要在于释放各类体制性束缚,现阶段则重点通过倾斜性措施,如财力、物力等资源投入,来支撑"三农"发展。2003年,中共十六届三中全会通过《关于

作者简介
邹海燕,上海同济城市规划设计研究院有限公司中国乡村规划与建设研究中心副主任研究员;
栾峰,同济大学建筑与城市规划学院副教授,上海同济城市规划设计研究院有限公司中国乡村规划与建设研究中心常务副主任,中国城市规划学会乡村规划与建设学术委员会秘书长。

完善社会主义市场经济体制若干问题的决定》，提出统筹城乡发展的战略性安排，全面推进农村税费改革，取消农业税，加大对农村地区的财政支持力度。2005年，中共十六届五中全会提出"生产发展、生活宽裕、乡风文明、村容整洁、管理民主"的社会主义新农村建设具体要求。2013年中央一号文件《关于加快发展现代农业进一步增强农村发展活力的若干意见》提出建设"美丽乡村"，内容涉及农村基础设施建设、产业经济发展、人居环境整治、社会事业及文化发展、自然和历史人文资源保护、民主政治建设等诸方面，成为新时期我国支撑"三农"发展的统领性战略要求，全国各地积极响应并大力实施，取得了较大成效。本文以贵州省"四在农家·美丽乡村"基础设施建设六项行动计划（以下简称"六项行动计划"）为研究对象，基于实地调研成果[1]，重点介绍该项政策的实施情况，探讨政策实施的关键机制并总结相关经验，从而为理解国家"三农"领域相关政策并在此基础上编制更具实施性的乡村规划提供一种视角，为乡村领域的政策制定与实施管理提供可供参考的案例。

1 贵州农村发展及美丽乡村建设概况

1.1 农村发展现状

贵州省是我国西南山区多民族聚居的传统农业省份，全省92.5%的地区为山地和丘陵，素有"八山一水一分田"之说。根据2014年统计数据，贵州全省约有1.7万个行政村、10.8万个农村居民点、2 177万农村人口（约占全省总人口的62%），平均每个农村居民点仅200余人，居民点散布现象突出。此外，水资源匮乏与经济水平落后等原因，造成全省工商业发展不均衡，资源主要聚集在少量中心城市，大量农村地区仍以传统农业生产为主，缺乏工商业支撑，农村经济水平低下、贫困人口较多。2014年，全省农村常住居民人均可支配收入仅6 671元，位列全国倒数第三。因而，促进农村地区经济发展，实现农民增收，成为贵州农村发展的核心问题。

1.2 美丽乡村建设概况

作为国家扶贫政策倾斜的重要地区之一，贵州省扶持农村发展的政策实践一直走在全国前列。2001年，贵州省首先在遵义市余庆县开展了"四在农家"创建，提出以"富在农家"推动经济发展、以"学在农家"培育新型农民、以"乐在农家"实现文化惠民、以"美在农家"建设美丽乡村四个方面的乡村建设要求。在省、地州、县各级政府部门的支持下，"四在农家"创建活动在遵义市全面展开，成为在全省推广"四在农家·美丽乡村"政策的最初开端。2013 年，在总结多年实践经验的基础上，贵州省响应国家"美丽乡村"建设要求，提出按照社会主义新农村建设"生产发展、生活宽裕、乡风文明、村容整洁、管理民主"20 字方针，全面推进"四在农家·美丽乡村"创建，并出台了《关于实施"四在农家·美丽乡村"基础设施建设六项行动计划的意见》（黔府发〔2013〕26 号），通过重点开展"小康路、小康水、小康房、小康电、小康讯、小康寨"六大类基础设施建设，为美丽乡村创建提供硬件支撑，切实改善农村生产生活条件。六项行动计划的实施，续写了贵州"美丽乡村"建设的新篇章。

2 典型案例选取

通过解读相关政策文件、访谈各级政府部门主要负责人、深入典型案例村庄进行实地踏勘和访谈等方法，调研人员对所获取的数据与资料进行分析梳理，以此作为本研究的基础。在此过程中，考虑到政策最终在村庄层面落实，因而对村庄层面的调研成为本次研究的关键环节，选取具有代表性的调研案例便成为研究质量的保障。经过多方考虑与沟通，调研人员提出以下三个选取原则：第一，优先考虑省级官方公布的政策示范试点村庄，以确保典型性；第二，挑选实施政策类型多的村庄，以考察不同计划复合执行的状况；第三，考虑村庄所在地域经济水平、地州分布特征、民族文化特性等。最终选取 10 个村庄作为典型案例开展实地调研（表 1、图 1）。这 10 个村庄均为省级官方公布的示范村庄，所处经济强县与扶贫开发重点县的比例约为 2∶3，分布在贵州省 6 个地州、7 个县和 9 个乡镇，汉族与少数民族村庄兼顾。

表 1 典型案例村庄概况

案例村庄	所属地域			所属县经济水平	民族特征
	地州	县	乡镇		
临江村	遵义市	凤冈县	进化镇	一般县	汉族
河西村	铜仁市	印江县	朗溪镇	扶贫开发重点县	土家族
兴旺村			合水镇		土家族
合水村					土家族
卡拉村	黔东南州	丹寨县	龙泉镇	扶贫开发重点县	苗族
石桥村			南皋乡		苗族
大利村		榕江县	栽麻乡	扶贫开发重点县	侗族
楼纳村	黔西南州	兴义市	顶效镇	经济强县	布依族
刘家湾村	六盘水市	盘县	刘官镇	经济强县	汉族
石头寨村	安顺市	镇宁县	黄果树镇	扶贫开发重点县	布依族

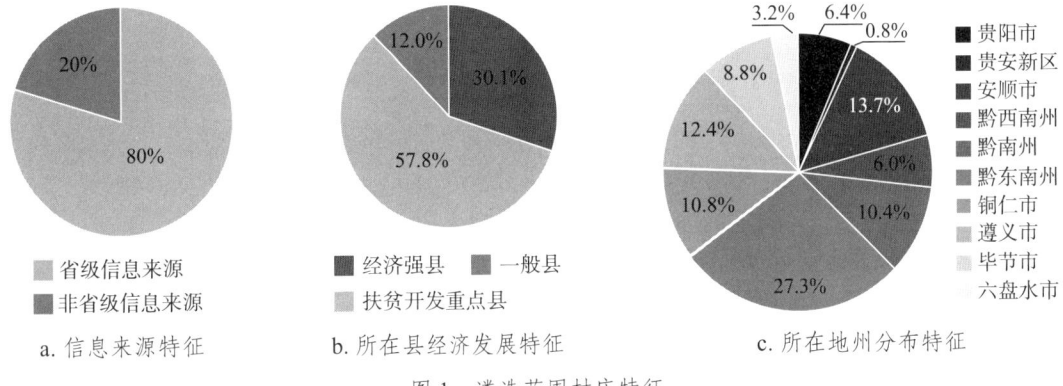

a. 信息来源特征　　　b. 所在县经济发展特征　　　c. 所在地州分布特征

图 1　遴选范围村庄特征

3　政策内涵

3.1　政策目标

六项行动计划的总目标为：力争用5—8年时间，分三个阶段，共计投入约1 510亿元，建成生活宜居、环境优美、设施完善的美丽乡村。行动计划分别以"十二五"规划期末的2015年、政府任期的2017年、全国实现同步小康的2020年为时间节点，安排建设时序和资金，划分年度工作任务和工程量，提出2015年、2017年的阶段性成果要求，同时提出六项行动计划的目标（图2）。

六项行动计划（2013）政策目标						
5—8年	3个阶段	约1 510亿元	建成生活宜居、环境优美、设施完善的美丽乡村			
	小康路	小康水	小康电	小康讯	小康房	小康寨
分项目标	结构合理 功能完善 畅通美化 安全便捷	安全有效 保障有力	安全可靠 智能绿色	宽带融合 普遍服务	安全适用 经济美观	功能齐全 设施完善 环境优美
牵头部门	省交通运输厅 省财政厅 （省农村综合改革 领导小组办公室）	省水利厅	省发展改革委 贵州电网公司	省通信管理局 省邮政管理局	省住建厅	省财政厅 （省农村综合改革 领导小组办公室）
目标任务	通村沥青（水泥）路 建制村通畅率、县乡道改造 乡道泥路改沥青（水泥）路 新建已硬化通村公路桥梁 通组（寨）公路、人行步道 乡镇客运站、建制村招呼站 农村公路安保工程 危桥改造、油路大中修 建制村通客率	农村饮水安全 农村耕地灌溉	新建/扩建110千伏 和35千伏变电站、线路 新增主变容量 新建/改造10千伏 以下线路 新增变容量 新增改造一户一表 新增无功补偿设备 新增便民电费代收网点	新增自然村通电话 新增行政村通宽带 乡镇邮政局所补增 农村危旧网点实施 局房改造和设备更新 乡镇邮件接收场所 乡镇邮政网点覆盖	农村危房改造 小康房建设	"三改"及庭院硬化工程 乡村垃圾收集处理 行政村集中式饮用水源地保护 行政村公共厕所 行政文体活动场所、农家书屋、 村务宣传栏等便民服务设施 自然村寨污水处理设施全覆盖 自然村寨照明设施全覆盖
资金规模	1 068.62亿	429.0亿	165.6亿	至2017年 28.75亿	205.71亿	至2017年 100.5亿
组织管理			省府统筹协调，州市组织实施，县乡镇具体实施			

图 2　"四在农家·美丽乡村"基础设施建设六项行动计划政策目标

3.2 工作内容

六项行动计划的具体工作主要包括项目落实、设施建设、标准制定三类。其中，小康路、小康水、小康电、小康讯行动计划的核心工作在于实施相应的重点项目；小康寨行动计划的工作内容比较综合，主要针对村寨内部各类设施的建设，涉及村庄环境整治和公用设施建设等方面；小康房行动计划的工作核心并非落实具体项目，而是通过制定标准对小康房建设进行规范与引导，同时协调统筹其他相关工作。根据小康房行动计划，在规定时间内，省住房和城乡建设厅应完成《小康房建设技术标准》编制工作，各市（州）、贵安新区应完成《小康房设计图集》的编制工作。之后，各市（州）、贵安新区等选择农村危房较集中和开始实施扶贫生态移民工程的村寨，先行开展小康房建设工作，打造示范点，以点带面，带动周边农村住宅的小康房建设。另外，根据小康房建设实际需求，引导各地编制村庄规划，结合村庄整治，抓好路网、水网、电网、通信网、互联网、广播电视网、生态环保网建设，通过支持和引导农村改水、改厨、改灶、改厕、改圈，建设沼气池、文化室、宣传栏、体育或休闲娱乐场所等，推进基础设施和社会服务设施向村庄延伸（表2）。

表2 六项行动计划工作内容

行动计划	工作内容
小康路行动计划	农村公路硬化工程、优化提等工程、畅化工程、安全工程、信息化工程、绿化美化工程、运输通达工程等
小康水行动计划	示范村建设、小型水利水源工程建设、水利管网建设等
小康电行动计划	农村电网改造升级工程、农村用电公共服务均等化工程、农村电网电压质量提升工程以及理顺电网管理体制等
小康讯行动计划	"自然村通电话"工程、"行政村通宽带"工程、邮政"乡乡设所"工程、深化村邮工程、邮政网点改造工程、快递下乡工程以及保障农村邮政普遍服务网点运营等
小康寨行动计划	村庄环境整治："三改"工程（即改厕、改圈、改灶），庭院硬化，集中式饮用水源地保护，污水处理，公共厕所，垃圾的收集、搬运和处理等；公用设施建设：照明设施、文体活动场所（包括场所的设置及简易座位、体育健身器材、农家书屋、村务宣传栏等）
小康房行动计划	制定小康房建设标准，协调统筹其他相关工作

4 政策实施与管理

4.1 工作组织

4.1.1 "权责明确、分层推进"的组织方式

按照不同类型的行动计划，首先明确省、地州、县、乡镇各层级政府的责任部门及具

体要求，以重点项目为抓手逐级落实。

省政府作为领导者，设置联席委员会，省委书记或省长作为委员会主任，其他各部门负责人列席参与决策。地州级政府在省级联席委员会的领导下，作为政策实施的监管者，制定实施意见，对区域内建设任务、资金安排等重大问题进行统筹。县级政府是政策实施的组织者，首先对县域范围内的各类建设项目进行统筹，进而确定具体建设项目与内容、下达具体指标和考核细则，明确各项目建设单位与具体负责人。因而，县级层面通常成为政策能否落实的关键层级。州市级、县级层面一般通过设置联席委员会或领导小组的方式来推进实施。村镇两级是政策的具体实施者，负责编制规划、发动群众、征地拆迁、上报项目和参与建设等具体工作。

在实施推进过程中，不论是设置联席委员会还是领导小组，都强调部门之间的协作，但在统筹力度上具有一定的差异，前者在计划制定与推进方面具有更强的主动性，后者则以协调和解决问题为主。

4.1.2 建立工作联席委员会制度和分级责任体系，落实分项计划管理职责

在各分项计划的组织管理中，较为核心的是建立省级工作联席委员会制度和分级责任体系等。

除小康水行动计划由省水利厅直管并由各级水行政主管部门直接承担管理职责外，其余五项行动计划都由省政府分管领导或领导小组（小康寨由省农村综合改革领导小组统一领导）作为召集人或组长，各相关部门负责人作为成员，形成全省工作联席委员会制度，具体负责行动计划的实施、协调、督促、指导和考核等工作，及时解决计划实施过程中遇到的重大问题等。

4.2 资金使用

六项行动计划预计总投入约 1 510 亿元，到 2017 年投入约 1 422 亿元，至此完成小康水、小康电、小康路、小康讯和小康寨行动计划的全部投资以及小康房行动计划的部分投资，剩余的 88 亿元将于 2018—2020 年全部用于小康房项目实施。如此大规模的资金投入，主要来自政府支持、盘活财政存量、激励企业投入、广集社会资金、市场融资等方式，其中政府投入占主导地位，其次是企业投入。已明确至 2017 年的总投资中，政府投资约 1 264 亿元，占比约 88.8%。

资金使用包括三种方式。一是强调省级专项资金的统筹使用。二是改革省级财政资金使用方法，以县为主整合资源。除国家有特殊规定的专项资金外，省级各部门专项资金 50% 以上按因素法分配到县，其余资金通过竞争立项或以奖代补等方式投入到县，并支持有条件的县运用市场机制吸引社会资金。三是推广"一事一议"财政奖补机制，动员组织

群众投工投劳。例如村庄内部的道路建设、路灯设置、公厕建设等，通常由村民集体商议之后将具体建设计划（包括项目位置、规模和资金等）上报给镇政府，由镇政府报给县级政府进行核准，继而通过发放资金（其中包括参与建设的村民的工费）或建筑材料的方式落实建设，完工后县级政府还需对项目进行验收。

4.3 保障措施

为保障六项行动计划的实施，贵州省还制定了一系列配套政策，包括项目用地保障、审批程序简化、相关费用减免、创新监管考核以及加强宣传推广等。

项目用地保障。在严格保护耕地的基础上，强化土地利用规划统筹，盘活村庄空闲地、闲置地和废弃土地，并充分利用土地利用增减挂钩试点等政策。要求县、乡、村要积极配合做好项目建设用地选址工作并提供建设用地，受赠新建公共体育设施的村应无偿提供项目建设用地，村委会应提供邮件捎转服务场所。

审批程序简化。减少前置条件，缩短审批时限。对于技术要求高、施工难度大的项目，通过招投标选择有实力的公司组织实施建设。除此之外，原则上采取"一事一议"财政奖补办法，由村民集体决策、上报，县级政府审批、监管、验收，群众投工投劳自建或村镇组织施工队伍完成，不得发包、转包、分包（图3）。

图3 村民参与建设公共厕所和谷仓（"一事一议"项目）

相关费用减免。例如依法减免六项行动计划新建路款等税费，制定建设项目豁免管理名录；小康电建设项目享受农网项目相关优惠政策，减免管线建设地方规费；免收"通信村村通"管线穿越公路等基础设施入场、占用等费用。

创新监管考核。六项行动计划的一个重要工作就是落实重点工程项目，因而采取了一系列完整的项目监管措施，包括质量监管、资金监管和绩效考核等。质量监管由省直牵头部门研究制定具体建设标准，指导工程实施并全程监管，未经批准不得随意更改。同时，建立健全农村公共服务设施运行维护机制，加强农村非经营性公共基础设施和公共服务设施的后续管护，确保工程长期效益。如小康电推行基建安全生产风险管理体系，小康路建立农村公路建养信用评价体系等。资金监管方面，严格执行建设项目资金公示制，资金数额、用途、程序、效果等要向农民群众及时公开。审计部门采用前置审计、在建审计、跟踪审计、结算审计和绩效审计等措施，确保资金使用安全高效。由纪检监察机关加强行政监督，严肃查处工程实施中的违纪违法行为。如小康水行动计划建立了以县为单位的农村饮水安全工程统管机构，以及以省、市、县三级财政预算资金为主的农村饮水安全工程维修养护基金保障制度等。绩效考核方面，要求省直牵头部门按月调度、按季抽查、半年通报、年终考核。省政府督查室要强化专项督查，督查结果及时通报。统计部门组织行业主管部门建立六项行动计划统计指标体系，进行季度、半年、年度统计。省政府办公厅组织有关部门建立六项行动计划考评奖惩办法，定期开展绩效评估，严格兑现奖惩，并将行动计划的落实情况纳入各级政府工作年度考评体系中等。

加强宣传推广。政策宣传与推广是各项政策得以在农村地区落实的有效辅助手段。六项行动计划实施过程中，各级政府充分通过媒体传播、现场宣讲等途径，加强村民对政策的知晓率、认同感和参与度，创造政府支持、村民共建共享的良好氛围。例如，开展小康房行动计划时，为了尽量传承少数民族村落的传统建筑风格与特殊建造工艺，政府发动村民直接参与或辅助建设，既能提高施工效率，也能保障实施效果。

5 实施绩效与经验建议

5.1 实施绩效

六项行动计划的实施显著地改善了贵州乡村地区的生产生活条件。据贵州省政府数据，至2015年年底，全省共投入1 096.6亿元实施各项计划，修建村庄水泥路15 424千米，建设农村公交站64个，修缮农危房36.1万所，新建农民住房3万余所，新建农村污水处理设施4 749座，农村安全饮水工程惠及人数增加了316.8万，村级邮政服务已下至581个行政村等。

从政策实施力度来看，所调研的10个典型村庄中，除部分村庄在该计划开展之前便已完成某些分项计划所列的项目外，其他村庄均全部或部分完成计划（表3）。例如，所有村庄均已实施农危房改造项目，实施小康路行动计划的8个村庄完成了通村沥青（水泥）路建设，7个村庄已实现百分百通组（寨）路硬化，4个村庄已实现100%组内道路硬化。实施小康水行动计划的村庄有7个，其中4个基本完成了农村安全饮水建设目标，5个村完成了阶段性农村安全饮水建设目标。在村民满意度调查中，多达76%的受访村民对这两年来的政策实施和村庄建设表示满意或很满意（图4、图5）。

表3 典型村庄各项计划的执行情况

村庄	小康路	小康水	小康电	小康讯	小康房		小康寨
					危房整治	房屋升级改造	
河西	●	√	√	●	●	●	●
合水	√	●	●	●	●	●	●
兴旺	√	●	√	√	●	●	●
石桥	●	●	●	√	●	●	●
卡拉	●	●	●	○	●	●	●
大利	●	○	●	●	●	○	●
临江	●	●	○	●	●	●	●
石头寨	●	√	●	√	●	○	●
刘家湾	●	●	●	●	●	●	●
楼纳	●	●	√	●	●	○	●

注：● 已实施，○ 未实施，√ 政策制定前已完成。

5.2 经验建议

5.2.1 弹性化、分层次细化政策实施目标与措施内容

首先，政策目标与措施内容的制定充分保留弹性。一方面，有利于下级政府根据地方实际制定相应的目标和实施内容；另一方面，也为自下而上的实施反馈预留了空间。其次，分层次细化政策实施目标与措施内容，即政策在逐级往下传达过程中逐渐细化，目标转化为指标，措施内容转化为具体项目。同时，下级政府在根据上级政府的政策要求制定地方发展目标和工作任务时，需根据地区发展实际进行相应调整，并在其事权范围内对政策的主要工作内容做进一步的细化，包括统筹安排建设项目和资金、制定相应的考核指标等。通过保留弹性、分级细化的制定过程，建立起系统的工作组织、实施监管与考核指标体系，从而保障实现总目标。

实施前　　　　　　　　　　　　实施后

图 4　六项行动计划实施前后对比

图书室

活动室

公共活动场地

公厕

垃圾箱

自来水设施

图5 六项行动计划实施过程中村内建设项目

5.2.2 建立权责一致的协作管理模式

促进乡村发展建设的政策措施并不少，难点在于如何有效实施与管理。据调研，贵州六项行动计划得以实施的关键在于建立了权责一致、多部门协作管理的模式。省级政府、地市级政府至县级政府层层下达细化过程中，政策实施内容与各级政府承担的责任逐渐明确，同时根据不同政府的责任予以相应资源、赋予相应权力。例如，县级政府作为我国乡村地区管理的最完整的行政单元，这种行政管理事权的完整性决定了县级政府将成为乡村领域政策落实的关键层级，一方面自上而下统筹安排不同渠道的建设资金和县域内各项建设项目，另一方面对村镇上报的项目进行审批、监管验收与资金发放，从而保障政策实施。

而在政策实施过程中，自上而下的推动与自下而上的反馈协调也非常重要。由于涉及农村发展建设的管理部门众多，目标、项目与资金繁杂，为了合理配置资源、有序落实工作，在明确各级政府权责的同时，还建立起一套协作管理机制，如联席委员会、领导小组制度以及分级责任体系等，对实施进度、相关问题等进行讨论协调，使得各项工作得以顺利推进。

5.2.3 采取科学的项目管理方式

政策落实的重要抓手就是具体项目，因而需要建立起科学的项目管理模式。贵州省在六项行动计划各项具体项目实施过程中，形成了从立项、设计到组织实施、监管和竣工验收的完整的项目管理模式。不论是县级政府统筹安排的建设项目，省级、地市级政府通过专项资金投入建设的项目，还是由村庄集体申请的"一事一议"项目，均需先完成立项、设计，经过审批方可组织实施，且在建设过程中全程接受监管，按时竣工并达到考核标准方可验收。通过这种项目管理的方式，达到凡事有章可依、有法可循，既保障了各项建设的规范性，也提高了政府管理效率。

5.2.4 关注实际需求并重视村民参与

政策目标与内容是否与村民的实际需求一致，直接影响到政策实施是否顺利，进而影响资源使用绩效以及地区发展。相对而言，符合村民实际需求的政策更容易被村民理解和支持，从而能大大提高政府与村民之间的沟通效率，让村民积极参与建设，保障项目的进度和质量。笔者在以往的农村工作中发现，很多地区无法顺利推进农村工作的重要原因之一就是目标与需求脱节，六项行动计划之所以能迅速推进并取得不错的成效，一方面在于其聚焦改善乡村生产生活环境，关注农民切身利益，另一方面也与实施过程中的政策宣传与村民参与分不开。我国地域辽阔，乡村发展的差异巨大，乡村领域的政策制定也要因地制宜，从地方实际需求出发，才能真正被村民理解、接受，共同建设美丽乡村。

注释

① 2015年，上海同济城市规划设计研究院有限公司中国乡村规划与建设研究中心团队赴贵州省展开了为期3个月的"贵州省村庄建设发展政策实施状况的典型案例调查"。

参考文献

[1] 栾峰、奚慧、杨犇："美丽乡村——贵州省相关政策及其实施调查"，同济大学出版社，2016年。
[2]《省人民政府关于实施贵州省"四在农家·美丽乡村"基础设施建设六项行动计划的意见》（黔府发〔2013〕26号），2013年。

美丽乡村发展趋势与模式初探[①]
——以南京市江宁区为例

梅耀林　汪　涛　许珊珊　李弘正　葛早阳

摘　要　本文通过对国内外美丽乡村实践的研究综述，总结了美丽乡村发展趋势及模式。同时，以国内美丽乡村建设方面的典型代表——江宁区为例，基于对江宁区大量调研数据分析，总结了其美丽乡村发展分为环境提升、机制提升、产业提升三个阶段，且不同村庄呈现出不同的发展模式。在此基础上，针对目前美丽乡村发展存在的问题，提出美丽乡村发展的三个阶段、五种模式，并提出美丽乡村下一步发展提升的策略。

关键词　美丽乡村；实践总结；三个阶段；五种模式

1　研究背景与意义

党的十六届五中全会明确提出建设社会主义新农村的重大历史任务。在"十一五"和"十二五"期间，全国很多省市按十六届五中全会的要求，加快社会主义新农村建设并取得了一定的成效。党的十八大第一次提出"美丽中国"的全新概念，"美丽乡村"是美丽中国的重要组成部分。十八大报告、十八届三中全会、2013年和2014年一号文件、《国家新型城镇化规划（2014—2020年）》都明确提出要大力改善农村人居环境、建设美丽乡村。党的十九大历史性地提出乡村振兴战略，把乡村放在了与城市平等的地位上，确立了全新的城乡关系。

在美丽乡村建设的浪潮中，南京市江宁区也分阶段、分重点地有序推进了美丽乡村规划建设，实现了由注重物质环境建设向强调城乡统筹规划与治理的转变。江宁区的美丽乡村规划建设取得了一定的成效，但也存在小马拉大车、政府职能与产业发展错位等一系列问题。面临这些问题，本文从美丽乡村发展的趋势和模式的角度，期望寻求适应不同阶段、

作者简介

梅耀林，江苏省城镇规划设计研究院院长，研究员级高级城市规划师，中国城市规划学会乡村规划与建设学术委员会委员；

汪涛，江苏省城镇与乡村规划设计院乡村研究所所长，研究员级高级城市规划师；

许珊珊，江苏省城镇与乡村规划设计院，城市规划师；

李弘正，江苏省城镇与乡村规划设计院，城市规划师；

葛早阳，江苏省城镇与乡村规划设计院，城市规划师。

不同模式的美丽乡村发展策略，促进乡村地区更好发展。

2 发达国家和地区乡村发展阶段与模式分析

2.1 乡村发展阶段

根据发达国家和地区的乡村发展历程来看，在不同的发展阶段，乡村具有不同的需求和发展特征。

2.1.1 日本

日本从20世纪50年代开始，分三个阶段进行乡村地区建设。第一阶段新农村建设，通过加大农业支持力度的方式，提高农业生产技术和农村现代水平，重在提升农村生活水平和加大农村基础设施建设。第二阶段造村运动，注重乡村特色与空间塑造，重点培育特色产业和人文景观，乡村特色与历史文化得到保护、传承和有效利用。最为人所称道的"一村一品"就是这个阶段的产物。第三阶段村镇综合建设示范工程，从基础设施建设到产业培育，村镇联动建设，以片区为单位进行综合建设。

2.1.2 德国

德国的农村与城市地区享有平等的地位，农村并不是城市地区的附属物。德国的农村建设起源于20世纪30年代，村庄更新大致可以分为三个阶段：第一阶段20世纪50—70年代，以集中完善农村基础设施，提高农村生活水平为目标；第二阶段20世纪70年代至20世纪末，开始实施"我们的乡村应更美丽"运动，农村的原有形态、聚落结构、建筑风格及村庄交通等按照保持乡村特色和自我更新的目标进行了合理规划与建设；第三阶段为21世纪以来，"我们的村庄应更美丽"的目标调整为"我们的村庄有未来"，通过美丽乡村竞赛，将农村建设融入可持续发展的理念，重视生态、文化、旅游、休闲和经济价值建设（图1）。

图1 德国村庄竞赛场景

2.1.3 台湾地区

台湾地区的社区更新开始于1949年，通过以政府主导促进农业发展带动农民增收，随后进行土地整理、基础设施建设和农业生产结构调整。2009年以后，通过培根计划、农村再生计划和农村社区土地重划进行新一轮社区更新，重点在环境改善、文化创意产业培育等方面。由在地组织和社会团体牵头，通过对农村社区居民的培训、引导，挖掘地方特色文化，并将农村社区更新与产业发展紧密结合，促进村庄进一步发展（图2）。

图2　台湾地区乡村的文化创意小品

2.1.4 乡村发展阶段小结

从这些国家和地区的发展经验来看，乡村发展往往经历三个阶段：一是物质环境的改善阶段，主要目的是改善乡村地区相对恶劣的生产生活环境，是一种物质改善；二是产业培育发展阶段，这个阶段的发展存在政府推动的力量，但更重要的是，随着物质环境的改善，乡村地区自发开始着眼于产业发展；三是文化价值的提升阶段，这一阶段发挥了乡村最核心的价值，使乡村与城镇真正做到相互吸引。

2.2 乡村发展模式

在乡村发展的中高级阶段，乡村发展的模式不再雷同，而是丰富多样。从不同地区的发展经验可以看出，不同的发展模式同样可以形成充满吸引力的乡村景象。

2.2.1 法国波尔多地区发展模式

法国的波尔多农业区是全世界优质葡萄的最大产区，法国三大葡萄酒产区之首。该农业区通过挖掘自身资源优势和发展潜力，建立了完善的葡萄酒产业体系。目前，波尔多地区拥有酒园和酒堡已经超过9 000座，年产葡萄酒7亿瓶。该地区AOC（法国葡萄酒最高级别）葡萄酒产量占法国AOC葡萄酒产量的25%，达50多个种类，300多个品牌。波尔多地区产业体系完善，农业生产在全国排名第三，玉米生产居欧盟第一，鹅肝生产和加工居世界第一。该地区出口企业已有860家,年贸易顺差127亿法郎,出口在全国排名第七。

波尔多地区红酒生产多以家族或者家族企业的模式进行,具有深厚的文化认同和传承感,在法国"卓越乡村"政策引导下,法国民众对波尔多地区保护意识加深,自发的乡村保护与发展行动增多,这些均构成波尔多地区发展更新的内生动力,使波尔多地区形成长期可持续的吸引力。

2.2.2 美国农场发展模式

黑莓牧场有美国第一乡村休闲胜地之称。黑莓牧场位于田纳西大烟山脚下,自然风光优美,是美国最奢华的私人牧场之一,拥有美国最奢华的乡村酒店,总占地面积4 200英亩,是集住宿餐饮、休闲娱乐、观光游览功能于一体的乡村度假旅游区。拥有诸如乡村别墅、高尔夫球场等高端的休闲度假项目,为游客提供定制化、细微化的服务,推出了多样化、有差异性的游乐产品及活动,吸引了大量的游客。

2.2.3 莫干山地区发展模式

环莫干山地区依托景区优势,发展异国风情休闲观光线建设,在三九坞村以"洋家乐"异国情调为表现形式,挖掘异国风情中的低碳理念,融合自然、生态多彩的莫干山乡村元素,整合生态农业园区与农村特色旅游,形成特色突出、景点丰富优美的乡村生态旅游观光区和精品农家乐集聚区。乡村发展与区域内其他旅游资源和旅游景点的开发结合起来,或借助已有旅游景点的吸引力,创新发展特色旅游小镇,并结合发展旅游商业、古民居民宿等要素,推动形成资源共享、优势互补、共同发展的格局。

2.2.4 乡村发展模式小结

(1)乡村合理角色定位:实现与城市互补的功能定位,形成动态平衡的城乡关系。在快速城镇化进程中,大量生产要素向城市单向流动和集中,由此打破了城乡平衡,导致乡村困境。只有重建城乡之间动态平衡关系,找到乡村合理定位,才是解决乡村问题的关键。立足地方特色,发展以农业为基础的多样化的生产、乡村居住、生态涵养与自然、人文景观等功能,可以提升乡村吸引力,实现与城市的互补互利。而这些乡村功能和文化的背后,要有健全的社会保障体系、便捷的交通、完善的设施、可控有限的补贴等支撑系统。

(2)乡村发展重点凸显:以特色精品产业为核心,以优质乡村风貌为基底,形成具有竞争力的特色产业。几类发展模式均以特色精品产业为核心,选择一定区域内有比较优势的产品,推动乡村产业链延伸,促使产业更具竞争力,使乡村地区具备较强的吸引力。

(3)乡村发展运作方式转变:对乡村干预是政府主导与民间参与相互结合的过程。政府主导的乡村规划以及特色保护与发展政策固然是推进乡村转型的主要动力,而乡村发展人口回流最终是乡村居民自身投票的结果。因此,"自上而下"与"自下而上"相结合,政府有效关注民众诉求,引导民间组织行为,才能对乡村未来发展起到很好的助推作用。

3 美丽乡村典型案例剖析——南京市江宁区美丽乡村发展建设

江宁地区作为江苏美丽乡村实践中的先驱,积累了一定的经验。随着几轮美丽乡村的建设,逐渐呈现出不同发展阶段特征,同时也形成了不同形态的乡村发展模式,值得作为典型开展研究(图3)。

3.1 江宁美丽乡村发展趋势分析

江宁区位于南京市中南部,从东、西、南三面环抱南京主城,生态基底良好,乡村地域广阔。自2010年起,江宁区分阶段、分重点地有序推进了三轮美丽乡村规划建设。

图3 江宁"五朵金花"风貌

第一轮:2010—2012年,以"五朵金花"村庄为试点,开展政府主导、重金投入、物质环境与增长统筹的第一代美丽乡村建设。

第二轮:2013—2014年,强调区域统筹和差异化发展,全面开展融入多主体、激活内生性、统筹次区域,政府重点转向战略、机制、公共服务和触媒功能的第二代美丽乡村建设,实现全区美丽乡村建设的提档升级。

第三轮:2015年以来,关注文化和特色,突出行动导向,开展以城乡统筹和美丽乡村建设长效规划与治理机制构建为目标的第三代美丽乡村建设,激活乡村自组织性,培育乡村发展内生动力。

3.2 江宁美丽乡村典型案例与发展模式

3.2.1 黄龙岘——在地乡村旅游发展模式

黄龙岘村位于江宁区江宁街道东南部,紧邻江宁西部旅游道路联一线,区位优越;村庄四周茶山、竹林环绕,环境优美;村内主产的黄龙岘茶叶更是口味醇厚。该村现有住户52户,茶园近2 000亩,其中村集体茶园450亩,村民种植茶园约1 500亩。江宁交通建设集团与江宁街道组建南京黄龙岘建设开发有限责任公司,承担黄龙岘景区公共设施建设、日常运营等工作,同时经营景区内的部分餐饮、住宿。黄龙岘主要道路沿线民居基本全部在开展农家乐经营,其运作模式为村民自发运营。农家乐经营项目均为餐饮,房屋产权仍归村民所有,收入全部归村民所有。部分农家乐经营规模较大,雇用了周边村庄的村民。目前,黄龙岘已发展成为以茶文化展示为内涵的休闲旅游区(图4)。

图 4 黄龙岘乡村旅游风貌

3.2.2 苏家——非在地性乡村旅游发展模式

苏家村为江宁区西部美丽乡村江宁示范区，周边资源条件好，山体和水域较多，居民建设用地较为分散。2013年，乡伴苏家项目启动，苏家村原有居民经协商全部迁出，村庄由田园东方集团整体运作。乡伴苏家项目包含乡村展示馆、文创商店、飨食餐厅、圃舍民宿、森林剧场、创意集市、主题茶吧等一批全新业态，再加上好吃好玩的乡村文化创意市集，为广大游客提供了亲近自然、享受惬意田园生活的新去处。所有店铺的店长都是外来的年轻创业者，乡伴苏家的项目负责人也表示，希望这里能够吸引更多热爱文创的年轻人投身乡村建设（图5）。

图 5 乡伴苏家项目

3.2.3 董家——特色农业模式

董家村位于江宁花卉谷内，以特色花卉农业为主要产业。村庄居民基本都参与特色花卉农业及其附加产业。由于花卉业的景观效应，加之颇有特色的建筑彩绘，董家村吸引了一定数量的旅游人口，大约年1万人，带来收入100万元左右。目前有旅游项目农家乐、草鸡以及草鸡蛋销售、垂钓、茶叶等农产品销售，人均年纯收入达到15 000元，村集体约400万元（图6）。

图 6　董家特色风貌

3.3　江宁乡村发展的特征与问题

为了充分了解江宁区乡村建设在空间、经济、社会等各方面的效果，本文选取了 56 个村庄，调查了 280 户村民，涵盖美丽乡村建设各阶段的示范村以及不属于美丽乡村建设重点的一般村，展开全面调研，以了解自 2010 年开展美丽乡村以来的变化。

通过调查数据的分析，可以总结出：美丽乡村建设以来，乡村地区三次产业都得到了较好的发展，且带动了人均收入不断提升；从就业结构看，从事第三产业的比重在增加，第一产业持续减少，就业结构在优化。总体而言，乡村建设取得了很好的效果。江宁区的乡村发展基本已完成环境提升阶段，产业发展阶段正在起步，处于乡村发展的第二阶段（图7—11）。

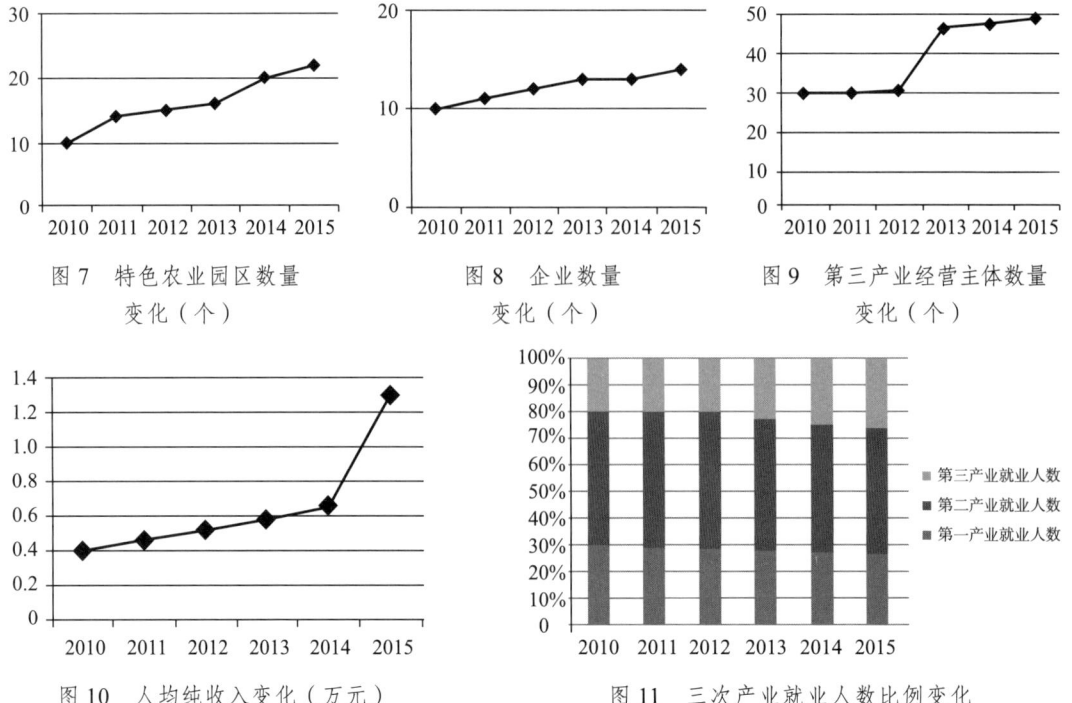

图 7　特色农业园区数量变化（个）

图 8　企业数量变化（个）

图 9　第三产业经营主体数量变化（个）

图 10　人均纯收入变化（万元）

图 11　三次产业就业人数比例变化

同时，我们也可以看到，目前江宁的乡村建设中存在一些问题：发展效应局限在重点打造的村庄中，示范村收入水平更高、就业类型更丰富、更能留住人，示范村虽然对周边有一定带动作用，但作用非常有限；环境提升比较到位、产业发展初具效应，但人文效应尚未全面呈现；发展模式雷同（如农家乐全部经营餐饮），难以形成合力（图12—14）。

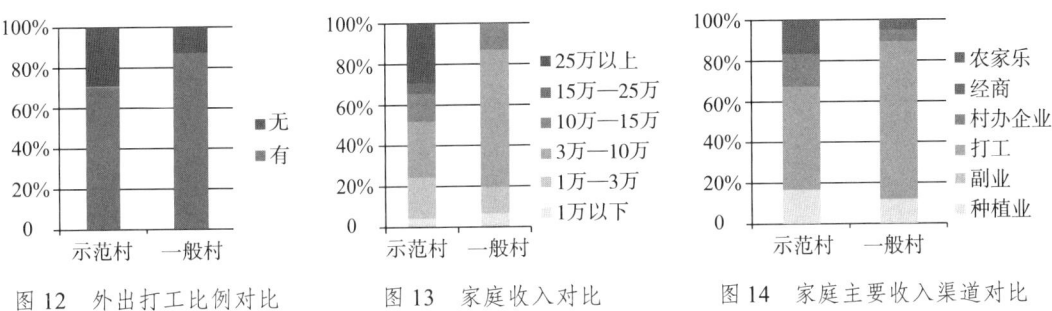

图12　外出打工比例对比　　图13　家庭收入对比　　图14　家庭主要收入渠道对比

4　对我国美丽乡村发展建设的展望

4.1　发展趋势

通过对发达国家与地区乡村发展趋势的总结分析，结合江宁美丽乡村建设实践，本文将美丽乡村的发展建设大致分为以下三个阶段（表1）。

第一阶段是物质环境的改善。这一阶段美丽乡村建设是政府主导的"自上而下"的建设行为，建设的重点是村庄环境整治，包括绿化整治、基础设施配套、道路整治、民房建设等各项工程，旨在创造"环境美""生活美"的乡村环境，属于美丽乡村建设的初级阶段。

第二阶段是村庄产业的特色发展。这一阶段美丽乡村建设往往是"自下而上"的建设行为，建设重点是村庄特色产业培育和人文景观塑造，旨在对村庄产业和生活环境进行个性化塑造与特色化提升，避免村庄同质化发展，让村庄"各美其美"。著名的"一村一品""一村一景"是这一阶段的典型发展模式。但这个阶段往往以村庄点状发展为核心，产业发展水平不高，产业链不完善，易于复制。

第三阶段是村庄的连片组团发展。这一阶段美丽乡村建设是"自上而下"与"自下而上"相结合的建设行为，围绕特色产业构建核心产业链，由点及面，形成片区协同发展机制。该阶段形成的发展模式水平较高，难以复制，且能够对城市形成反向吸引，加强城乡要素互动，实现城乡一体化发展。

表1　美丽乡村发展阶段比较

发展阶段	发展方式	特征	组织方式
第一阶段	集聚式，基础设施建设，村庄环境整治	普遍发展，低水平的	"自上而下"为主
第二阶段	集聚式，特色产业培育，生产和生活环境的个性化塑造和特色化提升	点状发展，低水平，可复制	"自下而上"为主
第三阶段	扩散式，形成较为完善的产业链，城乡要素互动，村镇联动建设	面状发展，高水平，难复制	"自上而下"与"自下而上"相结合

4.2 发展模式

乡村发展的最高阶段是走向城乡一体的村镇融合发展。但由于不同地区的自然、经济、人文、历史、管理机制以及对美丽乡村建设的理解等各个方面存在较大差异，各地区在走向村镇融合发展的道路上探索出了各具特色的美丽乡村建设模式。本文基于对美丽乡村发展趋势的理解，提炼出未来乡村发展新的三要素：人（不一定从事农业生产）、村（不一定是"农民"居住的地方）、田（不仅仅满足土地的产出），并从美丽乡村建设中对人、村、田三要素的需求程度出发，将美丽乡村建设归纳为以下五种模式。

4.2.1 模式一：新人＋新村＋新田

模式一的特点是新来的人群、新建的乡村空间和新型的产业注入。该模式要求乡村具有优越的生态景观条件，能吸引外来资本的投入，从而推动乡村产业发展，并解决部分乡村劳动力就业问题。该模式依托于高资本投入的大项目建设，通过规模化经营，打造独特的乡村品牌，带动乡村的整体发展。

4.2.2 模式二：旧人＋旧村＋新田

模式二的特点是当地的居民、现有的村庄和新型的产业。该模式要求乡村具有良好的景观条件和休闲环境，能够吸引大量人流来休闲度假，从而推动乡村本土产业发展，促进村民的本地就业。该模式前期资本投入较少，村民的投资回报率较高，易于推广。该模式成功的关键在于统一规划，标准化经营，并提供适宜乡村本土产业发展的政策环境，从而调动村民的创业积极性，实现产业的本地化垄断性经营。

4.2.3 模式三：新人＋旧村＋新田

模式三的特点是新来的人群、现有的村庄和新型的产业。该模式要求乡村具有良好的区位条件和资源禀赋，能够吸引城市居民过来创业和生活，并在现有村庄的基础上进行微改造，以适应文创等小微产业的发展。

4.2.4 模式四：旧人＋新村＋旧田

模式四的特点是当地的居民、改善的村庄和传统的产业。该模式强调对现有村庄的环境整治，改善人居环境，并对现有农业资源进行整合，将农业发展与旅游发展相结合，在传统农业的基础上发展乡村特色农业。

4.2.5 模式五：新人 + 旧村 + 无田

模式五的特点是新来的人群、现有的村庄和没有支撑生活的产业。该类村庄内多为通勤打工的居民，村庄发展依托于城区、镇区和园区，建设重点是美好人居环境的打造。该模式适用于城镇周边单一居住功能的村庄。

4.3 发展策略

各地区在美丽乡村建设实践中总结出各具特色的发展模式，但无论何种发展模式，其核心都是基于自身条件选择合适的产业发展路径。因此，本文就美丽乡村建设提出以下三点策略。

4.3.1 整合多方力量

乡村发展过程中，有多种力量介入其中，大致可以分为四类——政府部门、企业、社会群体和学术机构。他们从不同层次不同角度发挥作用，整合协调好这四者之间的关系，构建政、民、资、学"四位一体"式新型驱动机制，对美丽乡村的发展有很重要的影响。政府部门和企业在乡村建设中起引导和推动作用；社会群体主要包括村民主体，是乡村发展建设中的实践主体；学术机构具有重要的中间协调和项目执行作用。

4.3.2 推动保障机制

推动资金投入渠道创新、税费机制创新、金融机制创新和土地保障创新。以专项资金的形式，通过村庄发展过程中的项目落地，构建财政投入资金的渠道；针对进入乡村的企业和乡村产业经营者进行适度的优惠，以鼓励其开展经营活动；广开资金渠道，积极引导多元投资主体，逐步建立以集体经济积累和居民个人投入为主，国家、地方、集体、个人共同投资的多元化投资体制；出台建设用地保障相关政策，鼓励利用荒地、荒坡、荒滩、垃圾场、废弃矿山、边远海岛和可以开发利用的石漠化土地。

4.3.3 引导软质公共服务提升

提高乡村地区社会保障体系，为村民提供相对完善的公共服务，乡村地区逐渐从设施改善走向内容提升。提升乡村村民的自信心和对乡村的认同感，调动村民参与的积极性，为村民各种自身发展要求提供可实现的平台，让村民能直接受惠，进而更主动地参与美丽乡村发展建设。建立多样化的平台，促进乡村地区人员良性循环，扩大内外互动交流，让外来人才可以多口径了解乡村的现状、需求并有条件多方式参与到乡村发展中来，促进外来人才进入乡村地区。着力在农村产权制度改革、乡村社会治理机制创新上积极探索，破解城乡二元结构，释放农村发展活力与潜力，让农民享有与城市居民同等的权利。

5　总结与展望

乡村是人类社会的母体，在快速城镇化、工业化的进程中，美丽乡村成为人们寄托乡愁的重要载体。而美丽乡村的发展，在不同的阶段呈现出不同的特征，在同一阶段也呈现出不同的模式。本文通过对美丽乡村的探讨，旨在抛砖引玉，让更多学者加强对美丽乡村的关注，切实推动美丽乡村的发展。

注释

① 本文是在入选《2016第三届全国村镇规划理论与实践研讨会暨第二届田园建筑研讨会论文集》文章基础上进一步修改完成。

参考文献

[1] 陈善鹤："美丽乡村建设时间模式探索——以浙江省瑞安市为例"（博士论文），华东理工大学，2014年。

[2] 陈绪冬、陈眉舞、潘春燕："乡村地区再生的复合型规划编制框架与案例——从系统管控到空间行动"，《规划师》，2016年第3期。

[3] 何得桂："中国美丽乡村建设驱动机制探讨"，《理论导刊》，2014年第8期。

[4] 和沁："西部地区美丽乡村建设的实践模式与创新研究"，《经济问题探索》，2013年第9期。

[5] 黄克亮、罗丽云："以生态文明理念推进美丽乡村建设"，《探求》，2013年第3期。

[6] 黄丽坤："基于文化人类学视角的乡村营建策略与方法研究"（博士论文），浙江大学，2015年。

[7] 黄杉、武前波、潘聪林："国外乡村发展经验与浙江省'美丽乡村'建设探析"，《华中建筑》，2013年第5期。

[8] 柯福艳：《美丽乡村安吉》，浙江大学出版社，2012年。

[9] 柯福艳、张社梅、徐红峨："生态立县背景下山区跨越式新农村建设路径研究——以安吉'中国美丽乡村'建设为例"，《生态经济》，2011年第5期。

[10] 柳兰芳："从'美丽乡村'到'美丽中国'——解析'美丽乡村'的生态意蕴"，《理论月刊》，2013年第9期。

[11] 吕祥峰："加大力度加大强度加快进度扎实推进美丽和谐乡村建设"，《宣城日报》，2012年7月4日。

[12] 《农民日报》编辑部："共筑中华民族的美丽乡村——七论三农中国梦"，《农民日报》，2013年5月27日。

[13] 农业部农村社会事业发展中心新农村建设课题组："打造中国美丽乡村统筹城乡和谐发展——社会主义新农村建设'安吉模式'研究报告"，《中国乡镇企业》，2009年第10期。

[14] 孙丽琴："宁国市美丽和谐乡村建设的实践特色与启示"，《芜湖职业技术学院学报》，2011年第4期。

[15] 唐柯："推进升级版的新农村建设"，《美丽乡村》，中国环境出版社，2013年。

[16] 王虹："基于规划视角的德清县乡村文化建设策略研究"（博士论文），浙江大学，2015年。

[17] 王红扬、钱慧、顾媛中：《新型城镇化及其规划与治理创新——对南京市江宁区实践的研究》，

中国建筑工业出版社，2016年。
[18] 王文龙："中国美丽乡村的建设的动力整合及其制度创新"，《现代经济探索》，2015年第12期。
[19] 魏玉栋："与天相调让地生美——农业部'美丽乡村'创建活动述评"，《农村工作通讯》，2013年第17期。
[20] 吴理财、吴孔凡："美丽乡村建设四种模式及比较——基于安吉、永嘉、高淳、江宁四地的调查"，《华中农业大学学报（社会科学版）》，2014年第1期。
[21] 严端详："美丽乡村幸福农民——安吉县推进美丽乡村建设的研究与思考"，《中国农垦》，2012年第2期。
[22] 曾博伟："中国旅游发展小城镇研究"（博士论文），中央民族大学，2010年。
[23] 张孝德："中国乡村文明研究报告——生态文明时代中国乡村文明的复兴与使命"，《经济研究参考》，2013年第22期。
[24] 张宇翔："美丽乡村规划设计实践研究"，《小城镇建设》，2013年第7期。

西山地区乡村规划建设实践与反思

段德罡　赵晓倩

摘　要　中共十九大提出乡村振兴战略，制定了乡村发展二十字方针，明确了农业农村现代化发展要求。但是长期以来城乡二元体制下的发展战略导致乡村地区积蓄的矛盾和问题异常复杂与多元，乡村的复合性和多元性加大了乡村建设难度。本文以近年来扎根乡村进行的乡村规划建设项目为依托，总结乡建中规划—设计—实施全程跟踪指导的乡村建设实施模式及大学生乡建实践经验，基于乡村建设存在的问题提出对乡村规划成果繁杂的反思、对规划实施过程中程序、资金、协作机制、成果维护的反思以及设计师的自我反思，明确现阶段乡村建设亟须注重以人文本的回归，提出"乡村产业，农民做主；设计下乡，照亮乡村；美丽乡建，人才先行"三方面以人为本的乡建路径，旨在通过调动村民的积极性、主动性和创造性，发动群众共谋、共建、共管、共享，以唤醒村民家园责任意识，最终真正推进乡村全面振兴。

关键词　乡村振兴；乡村建设；以人为本

　　由于西北地区乡村发展相对滞后、乡村建设机制不畅、农民思想观念落后，加之乡村的复合性、综合性和多元性，决定了乡村建设工作任重而道远。为有效解决西北地区乡村规划建设面临的问题，团队基于多年来的乡村规划建设经验，以实践项目为依托探索实施性较强的规划方法与建设技术，展开了一系列乡村规划及建设创新实践活动：在村庄体系规划上，构建了"分级管控，分类施策"的全域乡村规划方法，应用于国家级新区——西咸新区的乡村建设规划及在乡村振兴战略提出两天后开始编制的杨陵全域乡村振兴战略规划；在传统村落保护与发展规划上，以挖掘和传承乡土智慧为核心，与无止桥慈善基金团队合作，以公益方式在甘肃清水县完成了梅江峪村传统村落保护与发展规划；在美丽乡村规划及乡村建设上，以"规划—设计—实施"全过程陪伴式工作方式在杨陵区多个乡村及甘肃省三益村（公益项目）进行了乡建实践，以调动村民的积极性、主动性和创造性，唤醒村民家园责任意识，提升其乡村主体地位。

作者简介

段德罡，西安建筑科技大学建筑学院副院长，教授，博导，中国城市规划学会乡村规划与建设学术委员会副主任委员；
赵晓倩，西安建筑科技大学建筑学院硕士研究生。

1 乡建总结

1.1 驻村建设

1.1.1 驻村规划师

为了有效完成规划的落地实施，近两年团队积极探索驻村规划师机制，初步形成了适宜关中乡村的驻村规划师工作方法。在规划设计初期，驻村规划师在乡村进行长期的驻村调研，感受乡土文化，理解乡土特征，完成初步规划设计构想；在规划设计过程中，驻村规划师多次与乡村建设各参与主体进行交流沟通，协调建设决策；在驻村指导实施之前，驻村规划师与村干部、施工团队共同比选、购置建筑材料，并在村内寻找"废旧材料"，注重对乡土材料的资源化利用；在现场指导实施过程中，驻村规划师根据实施情况及时调整方案，保障建设项目的顺利实施。因此，驻村规划师在"规划—设计—实施"全过程的核心职责便是立足专业视角，做好乡村建设多元参与主体的统筹协调工作。

1.1.2 建设实施指导

（1）官村景墙

在实施过程中，部分村民过渡干预，使得部分宅院前的空间建设效果相对平淡；而以设计为准的宅院门前最终建设效果较为理想。两类空间效果的对比，在一定程度上有助于改变村民的审美意识。同时，整个景墙设计利用了村庄内现存的大量的废弃砖块、瓦片等乡土建材及弃置器，有效地延续了村庄记忆（图1）。

图1 官村景墙

（2）毕公城壕遗址

实施过程中，由于宅后空间仍属于农户宅基地范围，城壕遗址的设计涉及护坡边村民利益，规划师在现场协调完成了三版方案的调整，分别对宅后步道做法、围墙做法及护坡边线与民宅轮廓线关系进行调整，有效地协调了各方利益（图2）。

图2　毕公城壕遗址

（3）姜媛公厕

由于施工团队赶工期，提前开挖了化粪池，且与设计方缺乏沟通，使原有的厕所方案不满足规范要求。在此情况下，设计团队重新组织实地踏勘，在尊重村内已完成的建设基础上，在现场提出全新设计方案，以最快的速度巧妙地解决了用地被化粪池分割零碎的问题，避免了重复建设和资金浪费。同时，为有效解决乡村厕所通风、保温等建筑节能问题，团队发明了一种具有保温、呼吸功能的采坡屋顶，并获得发明专利（图3）。

图3　姜媛公厕

（4）伏波古庄大门

设计初期由于村干部和村民的意识观念问题，坚持要修建一个纯粹仿古的汉阙作为老庄入口标识。在多次沟通交流后，团队利用现代材料设计了具有汉文化特质的现代化构筑物作为一组古庄大门，并最终予以实施。建设完成的伏波古庄大门成为毕公村现代化建设的典范，有效引导了村民现代化意识的转变（图4）。

图4　伏波古庄大门

（5）郭管村入口标识

由于郭管村两大宗族形成的先后顺序不同，村民认为村入口的标识处"郭"字应该需要更高的位置和更大的尺度，且认为两字位置应该符合传统从左到右的读法。通过与村民的沟通交流，对方案进行了多次调整，最终实现了空间秩序对乡村社会秩序的遵从（图5）。

图5　郭管村入口标识

（6）王上涝池改造

规划对村内涝池进行整治，加设污水净化设备，同时利用场地原有地形高差，将沟壑设计为污水处理湿地。依托涝池内原有净水植物重新进行整个水池的植物配置，同时通过对池底的高差处理，在净水的同时具有良好的景观效果。另外，在边坡的处理上以卵石堆砌驳岸，将生态性与景观性有机结合，为村民营建了具有乡土气息又极具经济性的公共活动场地（图6）。

图6　王上涝池改造

1.2　大学生乡建实践

团队在多年乡村规划实践项目中，深刻体会到真正的技术下乡应当是深入乡村，参与到乡村建设当中，用自身的行动来改善村庄环境，改变村民观念。因此，团队以"让设计走进乡村，让乡建点亮生活"为理念，在暑期组建北斗乡建工作坊，以"与其守望乡间，不如走进乡建"为主题，首次带领低年级本科生深入乡村进行村庄微空间美化改造，希望学生在社会实践中，通过创作体验乡村生活，美化乡村风貌，转变村民观念；同时，激发学生无限的激情与责任感，培养学生的专业学习兴趣，树立正确的职业价值认知。

大学生乡建实践活动主要分为三大板块。一是走进乡村。体验乡村——发现乡村魅力。大学生走进乡村，与村民同吃同住，感受乡村乡土气息，学习乡村传统营建技艺。二是合作设计，就地取材——激发乡建活力。学生在理解乡土特征的前提下，结合实际提出可供实施的设计方案，自主购置建设材料、建造工具，体验从设计到项目落地实施全过程。三是村民参与，协作共建——焕发乡建正能量。在实施过程中，村民会主动贡献自家的刷子、板凳、绳子等工具，同时，村内很多老人、小孩被活动吸引，参与到施工过程，真正实现规划建设的公众参与（图7）。

吃在乡村

选购材料

老人参与乡建

小朋友参与乡建

图7　大学生乡建实践

大学生乡建实践活动在村民、学生共同努力下，短期内完成了整个乡村微空间的改造。乡建活动使低年级学生第一次感受到设计落地的幸福感，激发了学生的专业学习兴趣，引导学生对乡村价值的再认知。另外，村民共同参与打造的微空间在建成后使用率大幅增加，整个乡建活动也成为之后很长时间内村民津津乐道的话题，有效增强了村民的家园自豪感。

2 乡建反思

2.1 对乡村规划的反思

现阶段的乡村规划，规划成果动辄上百页，导致整个规划成果的关键信息被繁复冗杂的内容淹没。乡村规划及实施建设的重点内容不够明晰，在与乡村规划建设实施各参与主体进行沟通交流时，难以清晰明了地传递规划的核心内容。因此，乡村规划的成果如何有效传递关键信息是现阶段面向实施的乡村规划需重点关注的问题。

2.2 对规划实施过程的反思

2.2.1 规划实施程序需完善

在整个规划设计阶段，团队依次与区政府、乡镇政府、村两委及村民代表等各乡村规划建设参与主体进行阶段成果交流沟通，并对各参与主体所提问题予以有效解决，多次重复的工作汇报与反馈交流程序大大增加了规划设计阶段总时长，不利于建设项目的快速落实（图8）。另外，在建设实施阶段，建设资金保障成为核心。当前西北地区乡村建设以财政拨款为主。在建设中，招投标程序繁复，花费时间较久。资金审批程序复杂，常使村集体、施工单位处于等米下锅的状态；而少量以村委会自主投资建设的项目推进较快，只要设计方与村两委沟通达成一致即可展开建设。

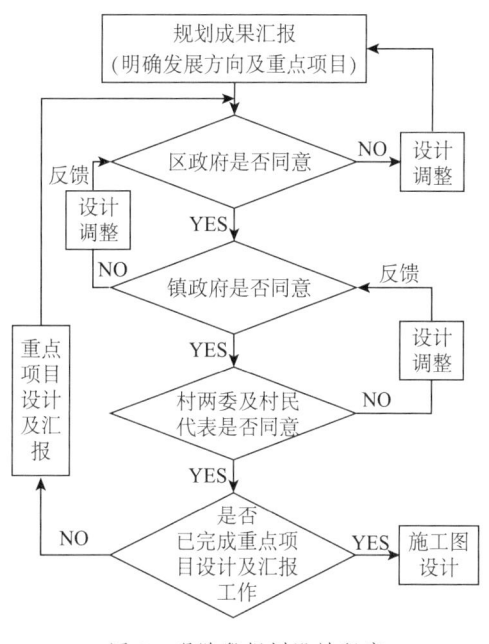

图8 现阶段规划设计程序

2.2.2 西北地区乡村建设亟须摆脱对政府财政的依赖

现阶段政府的公共财政只能解决公共空间的问题，不宜触及私人住宅，乡村整体空间的整治提升工作难以推进；而长期以政府财政为支撑的乡村建设会养成老百姓对政府的依赖性，产生倚靠心理，不利于激发乡村的内生动力；另外，乡村建设所需资金的数额之大也给地方政府带来了很大的财政压力。因此，西北地区乡村建设如何有效吸引外部资金，解决乡建完全依赖公共财政的现状，是乡建亟须解决的问题。

2.2.3 各级政府需相互协作，共同指导乡村建设

乡村发展建设涉及各级政府部门、众多公司企业，参与者"各司其职"。在乡村建设工作中，架设在农宅外立面的黄色天然气管道与农宅改造的整体风貌不协调，在水利局管辖的高干渠区域内进行空间整治不被允许等由于各部门未有效沟通造成的建设问题层出不穷（图9），因此，在乡村发展建设中上下级政府间、同级政府间、不同部门间应构建协作机制，以共同指导乡村有序展开建设。

2.2.4 乡村需加强乡建成果维护

由于村民自身缺乏家园意识，村集体组织乏力，在乡村建设中出现了村民责任意识不足问题，造成建设成果无人维护。对于政府部门来说，已组织开展了各项乡村建设，无力承担后期建设维护工作，造成多项建设成果荒置，甚至在后期被破坏的现象（图10）。因此，应在乡建阶段努力培养村民的家园责任意识，使村民在后期能自觉维护乡建成果。

图9　乡村建设"各司其职"

图10　乡村建设无人维护

2.3 设计师的自我反思

2.3.1 设计师亟须补充乡建知识

在2017年的乡村建设中，团队采用了大量的透水砖作为铺地材料，以推动海绵乡村的建设。但是在实施过程中，施工人员为了方便、快捷完工，以铺设普通砖的三七灰土和水泥垫层的方式铺砌透水砖，导致本应该从透水砖下渗的积水全部储存

图11　施工不当导致透水砖胀裂

于透水砖。过冬之后，由于温差变化大，积水在透水砖内膨胀收缩，最终导致大面积透水砖出现胀裂问题（图11）。在整个过程中，驻村规划师由于施工知识匮乏，未能及时发现施工人员减少了铺设工序，导致村庄透水砖的铺设出现问题，造成巨大浪费。因此，驻村规划师应积极拓展学习领域，补充乡村发展建设相关的知识。

2.3.2 必须增强乡土认知

在乡村环境整治提升方面，团队根据对景观绿化的一般性认知，给村庄提供植物配置引导，在实施中出现两大问题：一是在部分已硬化空间以花箱形式进行绿化种植，由于养护成本高，后期种植效果欠佳；二是规划设计提供的树种未被采购，被村民换为自家苗圃中种植的树种。因此，在乡村规划中，设计师对乡村绿化方案的设计应尽量使其可根植于土地，减少后期维护成本；在植物选择上，可通过产业帮扶的方式，多采用村民自己种植的苗圃，推动村庄自身产业发展。

2.3.3 必须谨慎提供阶段成果

在规划设计中，效果图是直接表达设计意图、体现设计预期效果的重要图纸。在乡村，村干部由于缺乏对设计及施工的认知，会在不考虑视角、环境渲染的情况下，简单依据阶段成果中用于交流沟通的效果图，将并未展开形体、比例推敲的设计简单转换成现实（图12）。因此，由于乡村建设的随机性，应加强对阶段规划成果交流的规范化，设计师不可将不成熟的阶段性设计成果留在村内，以有效控制建设实施项目。

2.3.4 必须注重对驻村指导关键节点的把握

由于设计师未能全程监督施工，在实施过程中，施工方以自身审美认知对原设计进行改动，改变了饰面材料装饰方式，增加工作量的同时还使得建筑立面细节尺度与形体关系不协调，影响建筑整体效果（图13）。更为严重的是，在同期建设的两个乡村厕所项目中均出现了由于监工不利造成的施工方擅自修改设计的问题。因此，设计师在驻村建设中须注重对驻村指导关键节点的把握，保障设计的有效落地。

图12 村民依据效果图展开建设

图13 村民擅自修改建筑立面设计

3 以人为本的回归

3.1 乡村产业，农民做主

3.1.1 乡村产业选择应匹配当地劳动力素质

乡村的劳动力是乡村产业发展创造力和竞争力的源泉所在，乡村的产业选择在依托乡村现状产业基础及资源禀赋的基础上，须注重与村民素质的匹配，激发乡村产业发展内生动力，最大限度地发挥出本地特色产业的活力，推动产业持续健康发展。同时，乡村产业选择要为下乡的资本设置门槛，在对乡村劳动力素质进行评价后，以带动村民就业、实现村民增收为前提进行产业选择，明确产业规模及发展时序，使乡村产业发展既能提升当地劳动力素质，又能推动乡村全面振兴。

3.1.2 推动村民走向乡村产业发展的主导地位

村民是乡村产业发展的主体，也是农业农村现代化进程的核心力量。因此，在乡村产业发展过程中，一方面需增强对村民经营意识的培养，使村民有意识地按照市场需要组织生产，使产品进入市场后，通过市场竞争，形成资源的自由流动和合理配置，以发挥资源的最大效益，促进农民增收；另一方面，需加强对村民经营收益的保障，鼓励以村集体经营公司的形式实现集体资产的统筹运营和统一管理，提高集体资产的使用效率，以真正实现村民到股东的转变，同时建立股份联结机制，引导村民、村集体经济组织和承接经营主体依法订立合同或协议，保障入股村民获得长期稳定收益。通过培养村民经营意识，保障村民经营收益，推动村民由乡村产业发展的从属地位向主导地位转变，实现乡村产业发展、农民生活富裕。

3.2 设计下乡，照亮村民

3.2.1 通过设计提升村民生活品质

设计下乡，要为乡村带去高品质的乡土空间，现代化的舒适生活，即在清新自然的环境中，有着乡土气息的村庄，承载着与时代同步的生活。在乡村空间的设计中保护现有乡村村落与山水和谐共生的自然环境，营造高品质的乡土空间，而在内部空间设计上仍须注重老百姓追求生活品质现代化的诉求，加强设计对乡村现代化建设的引领作用。同时，通过设计推动村民重建乡村自豪感，提升村民的审美观念，增强村民的家园意识，推动农村现代化建设。在此过程中，需要明确乡村的主导职能是承载村民的幸福生活，而非城里人的乡愁。

3.2.2 通过设计传承乡村优秀文化

通过设计把乡村传统文化熔铸于村民的生产生活之中，注重对能承载传统文化格局的空间要素的保护，实现以村民为核心的乡村优秀文化、传统活动的"活态"传承，增强村民的家园意识。在规划中可通过空间秩序的建构承载乡村良好的社会秩序，增强村民的家园归属感，提升对规划设计团队的认可度；在设计中通过建筑废料的资源化利用，倡导以俭养德、以德立国的优秀美德；通过乡土材料的运用，塑造老百姓的乡土精神；通过村民参与建设，增强家园自豪感和乡村凝聚力等。

3.3 美丽乡建，人才先行

3.3.1 乡村建设者须扎根乡村，有效解决乡村问题

乡村建设者要走进乡村、扎根乡村，理解乡土特征，感受乡土文化，抱着"向乡村学习"的心态，扎扎实实地解决乡村问题。针对乡村建设，须从项目设计、材料选取、现场指导等方面对规划建设进行全方位把控，在真正了解村民生产生活需求的前提下，在规划—设计—实施全过程注重与村民的有效沟通协调，增强村民对规划理解，引导村民参与到规划建设全过程，真正解决乡村问题。即以公众参与为核心完成规划设计，在规划—设计—实施全过程中立足专业视角，以陪伴式的方式在乡村规划建设中协调各方利益，推动规划设计成果的建设实施，有效解决乡村问题。

3.3.2 组织学生下乡，培养未来乡建人才

乡村建设者的培养得从"娃娃"抓起，组织学生下乡，带领他们真正走进乡村，吃在乡村、住在乡村、学在乡村，完全融入乡村生活，体验乡土文化，培养乡村感情，认知乡村现实。在实践活动中，学生们积极与村民进行沟通，将其对乡村的理解融入设计中，并通过自己回收建材、购置工具，引导村民们、村内小朋友共同参与乡建活动，为学生提供了一次将设计落于现实的机会，有效激发了学生的创作激情与建设责任意识，培养学生对乡村建设的兴趣，树立正确的乡建价值认知。

3.3.3 走进基层，培养乡建"排头兵"

乡村基层工作者及乡村能人、乡村青年是乡村建设的"排头兵"，也是最应该获得教育的乡建人。因此，我们须不断深化乡村基层工作者及乡村能人、乡村青年对于乡村振兴、乡村规划及乡村建设的认知，提升乡村基层建设人员的整体素质水平，真正激发乡村发展建设的活力，有效推进乡村规划建设工作。

4 结语

近年来，乡村建设热潮兴起，引来各界人士投入其中。但长期以来城乡二元体制下的发展战略促使乡村地区积蓄的矛盾和问题异常的复杂与多元。这些问题不仅体现在经济发

展滞后、人口持续外流、传统文化消亡和乡村风貌急剧衰退等方面，更体现在乡村人才匮乏、乡村治理无序以及农民主体责任意识淡薄等方面。乡村的复合性、综合性和多元性决定了乡村建设远比我们想象得要复杂，涉及内容远远超出了空间规划建设范畴。

对身为规划师的我们而言，我们需要真正俯下身段、扎根田野、了解乡村，学习吸纳乡土智慧并将其适应性要义融入现代规划设计技术之中，从规划—设计—实施全程跟踪指导并根据实际情况及时调整方案，用设计点亮乡村。更重要的是，我们需要创新工作理念和方法，做好乡村建设多元参与主体的统筹协调工作，调动村民的积极性、主动性和创造性，发动群众共谋、共建、共管、共享，基于驻村规划师制度和共同缔造理念，唤醒村民家园责任意识，提升其乡村主体地位，才能真正推进乡村全面振兴。

参考文献

［1］段德罡、杨茹："三益村公共空间修复中的乡村传统文化重拾路径研究"，《西部人居环境学刊》，2018年第1期。

［2］梅耀林、许珊珊："面向实施的乡村规划的编制思路与实践"，《规划师》，2016年第1期。

［3］孙莹、张尚武："我国乡村规划研究评述与展望"，《城市规划学刊》，2017年第4期。

［4］王帅、陈忠暖："现阶段我国乡村规划中公众参与问题分析及对策"，《江苏城市规划》，2016年第1期。

［5］吴丹、段德罡、菅泓博等："'有限干预'理念下乡村基础设施规划设计研究——以中合村为例"，载中国城市规划学会编：《新常态：传承与变革——2015中国城市规划年会论文集（14乡村规划）》，中国建筑工业出版社，2015年。

［6］张文辉："'规划成果可操作性'的'地方性'解读"，《城市发展研究》，2016年第10期。

乡建：经营与永居[①]
——"乡村振兴战略"目标下的"浙大范本"

王　竹　钱振澜

摘　要　本文针对近些年来乡建热点问题的反思，对十九大提出的乡村振兴战略进行解析与诠释，提出"法人乡建模式"机制创新的思维框架，建立了乡村振兴战略的共创价值—顶层框架—底层设计的技术路线，明确了乡村营建的策略与方法，并探索了"乡村振兴战略"目标下的"浙大范本"。

关键词　乡村振兴战略；共创价值；法人乡建模式；"浙大范本"

1　乡建问题的反思

1.1　"反复"之惑

近些年，热门话题不断：新农村建设、美丽村庄、全域旅游、特色小镇、田园综合体、乡村振兴战略……我把这种状态归结为一个一个"反复"，每次新的"乡建运动"热浪过后，我们应该进行冷思考：乡建最本质的东西是什么？

我们的乡建不应该以"任务和指标"为导向，这样只会挖空心思、追求奇异、玩弄概念，使得运动式的乡建忽视了对乡村生产与生活本质和真实的关注。我们的策略与路径应该以"问题和目标"为导向，需要明晰地回答"是谁的？在哪里？应该是什么？我们怎么做？"

1.2　"机会主义"是对农业最大的伤害

每年的中央一号文件后都会出现一个声音，叫作"机会来了！"做农业不能找机会，做乡建也没有所谓的机会，而是需要有情怀的人去做，才能真正把握住乡村发展的命脉。那么乡村情怀是什么？乡村的耕读文明是"精耕细作、地力常新、用养结合、人地共生"。而实际上农业是与人类生命息息相关的，是有责任的，我们该怎么样去尊重它或者敬畏它？该如何把握它的方向？

作者简介

王竹，浙江大学建筑工程学院教授，乡村人居环境研究中心主任，中国城市规划学会乡村规划与建设学术委员会委员；
钱振澜，浙江大学博士后。

由此引申出一些在现实当中存在的问题的两端：一端是生产端，另一端是消费端。生产端的农人，他们有没有市场议价的能力？能不能做到诚信？提供的食品是否安全？另一端是消费需求，现在大家对食品安全的需求是十分迫切的，但是我们的信任何在？这时就需要有一个第三方的桥梁。现在很多作为第三方的资本下乡，包括一些社会机构等，特别是资本下乡以后产生的"二八"现象，这个"八"一定是投资者要得到的，农人只能得到"二"，仅仅可以解决温饱问题。如果把"二八"现象调整为"八二""七三""六四"……行吗？这种创新的机制正需要我们深入地研究。否则搞"乡建运动"再热闹，造再多的房子，建再漂亮的村庄，农人都得不到根本的利益。

1.3 "五位一体"的结构性失衡

中国庞大而分散的小农群体将长期保持在5亿—6亿人口以上，其中绝大部分农户缺乏有效的社会化、综合性服务支持，处于弱势地位，没有市场"议价"能力，导致务农增收遭遇收入"天花板"。同时，以"政府主导、农民主体、科技支撑、企业助力、社会参与"的"五位一体"乡建模式结构中，农民整体失语的"结构性失衡"是其硬伤。其实温饱问题很好解决，土地一转租出去就可以了，但是十九大提出的乡村振兴战略不仅需要解决温饱问题，而是要从全民温饱到整体小康，是一个非常艰巨的任务。

2 "机制破壁"的战略思维

2.1 "乡村振兴战略"的诠释

十九大提出的乡村振兴战略是中国当下最顶层的政策热点，也是各级政府高度关注的焦点，乡村建设进入新时代。体现在以下方面：一是农业农村优先发展、小农组织化、城乡融合发展等理念，形成全新乡村建设纲领；二是农村土地制度等改革将深度开展，未来盘活百万亿乡村资源，释放强大制度潜能；三是国家力行机构改革，成立农业农村部，有效整合分散的涉农职能，构建顶层机制保障。新形势下，为根本改善"三农"，迫切需要机制创新，培育新型乡建经营主体，健全"三农"社会化服务体系，实现小农户和现代农业发展有机衔接，培养造就一支懂农业、爱农村、助农民的"三农"工作队伍。

笔者认为，乡村振兴战略实施的结果，要看两个指标：一是农民群体在乡建过程中是否具有充分的话语权；二是农民群体中能否出现大量的中产阶级。完成"乡村价值的新发展和再创造"，需要融合"先进理念""本土智慧""真实需求"的创新思维。真正的"乡建"可能更多的是产业结构、机制组织、社会修复，然后才是空间形态，以此才能真正推动乡建"经营与永居"的实现。

2.2 "团结·大乡建"的理念

习总书记2017年给国研院的批示中指出：数量庞大的小农群体将长期存在，故以农民为核心的三农现代转型是乡村振兴的核心问题。三农发展需求综合性强，应着力改善地方三农发展，改变乡建过程中资源分散、条块分割、协同度低的问题，破除碎片化困境。建立乡村振兴战略目标下的"创新范本"，开展"上下双向联动、体制内外结合"的组织机制创新，是乡村振兴战略的关键。应着力做到以下几点。

（1）建立并培育乡村振兴的动力系统，盘活存量，实现小农现代化。其中动力系统包括"内生动力系统"和"外生动力系统"。"内生动力系统"包括新的产业体系、新的建设主体、新的利益机制、新的治理模式，而村民是主体也是内生动力。"外生动力系统"指新的金融体系、新的服务平台、新的乡土文化和新的乡村风貌。如何同时利用我们的知识、科技、专业和技能去助力乡村，把战略和战术结合起来，使得"内外合一"。那么，我们关注的视角就会不一样，所下的力气就会有所侧重，真正把握住乡建的本真。

（2）浙江大学是国内涉农学科覆盖最全、综合实力一流的教育科研机构。其特殊身份，既不同于政府，又异于企业，能游刃于体制内外，协同好地方政府、农民组织、企业、资本和社会团体。应该统摄浙江大学内部各涉农教授、学科和机构资源，充分联动学校外部地方政府、农民组织、涉农型企业等力量，构建乡建发展创新机制。

接下来，由"自下而上"与"自上而下"双向联动发力，立足浙大建立一支以各涉农专业教授为主体的有情怀、懂农业、爱农村、帮农民的队伍，并发挥其"联动上下、结合内外"的灵活作用，实现与有担当企业的有效结合，形成浙大领衔的"新乡贤"团队，以此弥补农民组织在乡建体系中的所有"短板"。

2017年上半年，浙江大学10多个涉农专业的20多位教授自发组成涉农"教授合作社"。同时，以研究生为主，成立并良好运行"小美合作社"助农社团。师生自发共同开展"精准助农"实践已经6年，创新地提出"小美"三农发展模式，实现三次乡建模式升级。初步建立了一支懂农业、爱农村、帮农民的浙大师生三农工作队伍，目前的精准助农项目涉及13个省市30余个基地的50多款产品。

（3）建立"共创价值"的概念，即背景迥异的人，建立共同目标，协同合作与共创。开展"上下双向联动、体制内外结合"的机制创新，以产业兴旺为龙头的全面助农，开展农民增收、农业增效、农村增美和乡村治理工作。目前，由学校会同省委、省政府，形成浙江省乡村振兴战略的"顶层框架"。在此基础上，与地方"农人合作社"联合成立新型运营主体，推动机制创新的精准"底层设计"，即"法人乡建模式"（图1）。

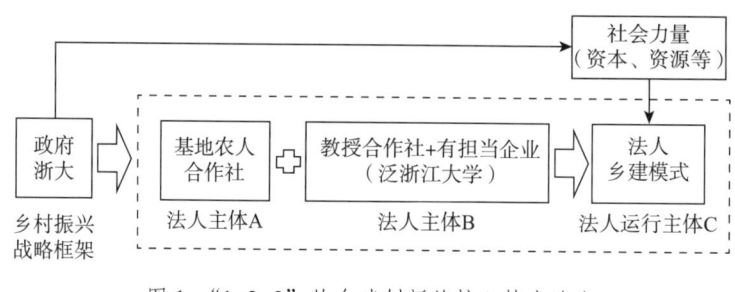

图 1 "1+2+2"的乡建创新的核心技术路线

3 营建的视角与策略建议

3.1 混沌状态下的清晰思考

乡建已成为当下最热点的话题之一，而其真正走上健康发展道路的过程，是复杂而艰难的，这个艰难不仅是经济与技术因素，更重要的是意识形态方面的混乱与理解上的误区。在乡建逐渐变为一种政治任务与消费需求的当下，一些生态景观恢复、地方风貌再造、乡土民俗延续等，都在客观上表达了人们对"乡建"的良好愿望。但是，一些看似"最接地气"的表达方式演变成一种宏大运动或个人情怀的自我实现。在这种混沌状态下，我认为，任何一个乡建的结果，都应该是真实地建立在空间形态所赖以存在的"地域特征"和"生活状态"之上的。

3.2 乡建的态度与视角

乡建应该是有态度的，也就是关于乡建的视角问题，针对乡村生产与生活的本真进行思考。我理解的乡建应该是产业形态、社会形态、空间形态、文化形态的"异质同构"。就顺序而言，空间形态与文化形态应该位其次。乡建不仅是空间那点事，而是一个复合系统，涉及自然生态、经济生产、社会生活、时间周期、类型差异、不同地区等方面。我认为，乡建是可以从不同角度出发来参与的，它可以是多元化的，并不是唯一的。因为乡村本身就是一个复杂的系统，而且它是分类型、分层次的，有些需求可能是小众化的，有些则是整体系统的普适性需求，所以从不同角度参与到乡建中都应该是受到欢迎的。乡村的规划设计应该是有所为有所不为，更多的应该是慧能的激发，而不是智能的滥用。万万不能搞亢奋的、运动式的、口号化的"自上而下"的指手画脚的规划设计。更不能采用程式化、以终极目标为导向的规划设计手段来覆盖所有的乡村。

乡村的演进是从最初的简单低层次，通过与外界进行物质、能量、信息交换和与内部的协同后，逐渐发展成为一个自然环境、产业结构、人文历史的复合系统的过程。当乡村作为一个系统，其复杂性增加到一定程度时，特别是城镇化进程日益加快的今天，乡村正无可避免地面临着强大的物质、经济、信息等外力的快速介入，其传统的单纯依靠内部自组织机制已经不足以或不能及时地使乡村达到良好的自循环、自更新的有机发展状态，而需要从外部增加一种用于协调和控制的手段，以弥补其自组织作用中产生的问题与局限性。

因此，在乡村建设实践中，理解与接受乡村系统的自组织机制特性，能够更好地认识和使用规划作为一种他组织手段，介入解决乡村问题的必要性、介入的方式和原则，使得乡村能够在自组织和他组织共同作用下完成自身的有机更新与聪明增长。

3.3　乡建的品质与目标

乡建的发展与提升是有梯度的，是一个由初级向高级目标逐渐努力的过程。需求条件由低级向高级，级别越低，重要性越强；满足需求因素越多，建筑空间复杂程度越高；基本要素缺少的空间是有缺陷的空间，复杂程度越高，缺陷程度越小，越接近乡村营建的真实目标。值得警惕的是，当下不少的地方政府、资本投入、规划设计等，他们急功近利、短视效益的乡建突显出部分问题：城镇化背景下地域文化失语、快速建造下的生态环境退化、外力控制下的主体意识缺位、观念驱动下的空间形态无根、时代变更下的人与土地伦理丧失、乡村社会结构的解体，使得乡建的演变偏离了其本质的需求（图2）。

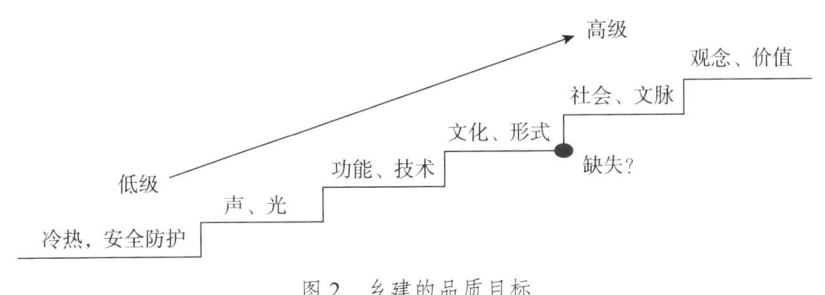

图 2　乡建的品质目标

4　价值认同与认异

建筑师对于地方风貌的塑造、地域特征的关注、地方性生活方式以及传统文化的保护等行为和态度，体现出对地域差异价值的认同。而使用者对于自宅的建造、装饰等取向，又从不同程度上表现出对于城市生活、空间形态的认同和模仿，进而导致地域差异（特质）的削弱。从而引出了一种新的观察乡建的视角——"价值认异"。所以，我们在乡建中应该尊重使用者的诉求以及长期使用中的时间因素，不要完全把所谓的风貌或个人情结植入乡建中，要找到两者之间的契合点。

5 低技高效的建造方式

乡土建筑在经济成本和环境成本的消耗方面都远低于城市建筑，包括村落布局对地形的适应、建筑形态对气候的应对、材料特性的充分发挥、能量转换上的高效模式……形成原生的绿色营建的循环体系。

所谓"低技"，不是指让原生的"夯土"建造技术重生。因为，在社会、文化、技术的发展中，它是一种不可避免的消耗。虽然，失落了传统建筑文化与技艺的一些内容，但这是发展过程中不可避免的损耗，是完全可以得到重建和补偿的。所以，低技高效的建造方式应该是"此时此地"最常用的、最方便的建造工艺体系，与当今绿色、低碳、可持续的理念是吻合的，我们可以将原生的智慧与当下的理念同步起来。

6 "未完成"即"高完成"

乡建的高完成度是强调建造成果与建筑设计的一致性，一致性越高就意味着完成度越高。单纯强调建成与设计的一致性或完成后的不可更改性，是对使用主体和时间要素的忽略。行为因素与自然因素都会在营建生成后不断对其产生影响，使得营建持续地处于一种"未完成"状态，正是这种"未完成"的不确定性，带来了乡村地域特征的鲜明性，建立在一种动态的完善，而非静止的"高完成"上。

7 人地共生

村落大都坐落在山、水、岛等地貌之中，其营建的下垫面呈现出破碎地形。我们可以从两个方面切入：一个是"地理单元"，另一个是"居住单元"，并智慧地将"地理单元"与"居住单元"有机融合。我把这种乡村营建的策略称为"种房子"，这是不同地区乡村千姿百态的形态之源。

8 "再造本土"

乡建应该是真实地建立自身空间形式所赖以存在的地域特征和生活状态之上的。从关注地方性开始，顺应自然的限定，应成为乡建一切行为与营建活动的出发点，其主要影响要素由地方的气候特征、地形地貌、环境资源、生活方式等构成。利用当地资源作为营建材料、用能模式等，进而形成营建法则与程序，是对自然条件、经济水平与资源状况的积极回应。我们应该尊重村落格局，整合现有技术，还原乡村意象。乡建正是从"地域基因"的认知开始，产生"在地语言"，最终达到"再造本土"的目标。

注释

① 国家自然科学基金资助项目（编号：51708488）。本文的相关内容与观点已在《城市建筑》等杂志中发表。

重塑经济地理 诗划美丽乡村
——成都市乡村规划探索和实践

张 佳

摘 要 近几年,成都在大力实施乡村振兴战略过程中,加大了乡村规划的探索与创新。在规划编制方面,通过五大发展理念、全域城镇体系、城乡融合发展单元以及"四个一"制度的保障,较好解决了乡村规划需要应对的核心问题。在具体实施层面,则强化了新的实施理念,以新规划瞄准重点实施路径,并通过标准、制度与队伍建设,加大规划编制和实施力度。

关键词 乡村规划;编制;实施;探索;成都

自 2007 年成都设立国家城乡统筹综合配套改革试验区以来,成都的乡村规划工作一直按照系统推进、综合布置、示范引领的要求来谋划和安排。近几年,成都市按照国家及住房和城乡建设部(以下简称住建部)的相关要求,大力实施乡村振兴战略,积极推动乡村规划工作,在美丽乡村建设方面进行了积极的探索和实践。

1 相关背景

1.1 住建部乡村规划工作的推动

2015 年 11 月,住建部发布《关于改革创新、全面有效推进乡村规划工作的指导意见》(建村〔2015〕187 号),在全国推行乡村规划。按照该指导意见,到 2020 年,全国所有县(市)要全面完成县域乡村建设规划编制或修编,实现乡村建设发展有目标、重要建设项目有安排、生态环境有管控、自然景观和文化遗产有保护、农村人居环境改善有措施。

作者简介

张佳,成都市规划和自然资源局副局长,中国城市规划学会乡村规划与建设学术委员会委员,成都"5·12"汶川地震重建办综合组组长、"4·20"灾后重建规划会战总指挥。

1.2 国家乡村振兴战略的提出

2017年10月，习近平总书记在十九大报告中首度提出要大力实施乡村振兴战略。2018年2月，习近平总书记亲临四川视察调研脱贫攻坚和经济社会发展工作。在调研了大凉山、映秀镇和战旗村建设工作后，习近平总书记要求成都市在推动城乡融合发展及乡村振兴上，要"把乡村振兴抓好，走在前列，起到示范作用"。

1.3 成都市乡村振兴规划的行动

为进一步落实习近平总书记的相关指示，2017年11月，成都市召开了实施乡村振兴战略推进城乡融合发展大会，会议强调要以钉钉子精神，认真落实"十大工程，五项改革"，推动乡村振兴战略在成都落地生根、开花结果。

2 成都乡村规划编制实践

乡村规划具有复杂性、综合性、实施性和创新性，必须回答以下几个问题：人哪里去？钱哪里来？地怎么管？产怎么布？形如何塑？把上述五个问题解决了，才能切实做到规划为民。为解决好这五个问题，成都近几年从工作理念、全域规划、城乡融合发展、乡村规划管理等方面，进行了积极的探索与回应。

2.1 全力践行五大发展理念

在实行科学规划工作的过程中，成都市规划管理部门始终坚持将五大发展理念融入乡村规划编制、管理和实践全过程。

一是坚持创新理念。全面推进城乡一体化以来，结合成都经历全国统筹城乡试验区发展、汶川和芦山两次地震科学恢复重建等，成都乡村规划思想不断提升，近几年从过去的"三个集中""四性原则""小组微生""成片连线"转向现在的"城乡融合单元"。2013年"产村单元"的提出，实际上是思考如何将新村和产业单元更好地结合。实践过程中，2015年，我们发现农村不是简单的点上问题，需要结合现代农业布局系统性考虑，沿线示范展开。结合实际，成都出台了《成都市镇村"成片连线"规划技术导则》，以指导规划的编制。

二是坚持协调理念。在区域协调空间层面，突破传统镇规划编制重镇区、轻镇域的思路，按照"以镇带村"的理念，加快新型城镇化建设。实施整镇推进、整体打造，对镇域空间每个片区的产业、风貌、形态均进行规划引导；在"多规合一"层面，努力实现与现代农业产业规划、土地规划、旅游规划、交通规划、水利设施规划等紧密结合、衔接一致、无缝对接。

三是坚持绿色理念。在选址方面，按照《成都市农村新型社区规划建设选址的指导意见》，坚持科学选址，尊重地形，"上坡、退路、进林盘"，顺应自然，保留农村山、水、田、林、路等村生态本底；在水环境保护方面，保护好河流、湖泊、湿地、坑塘等自然水体，充分利用地形地貌，考虑雨水的收集与利用，并积极推广小型污水处理设施或生态化污水处理系统对生活污水的处理方式；在生态材料方面，注重乡土材料和绿色材料，重点考虑就地取材，并坚持采用对环境影响小、对人体无害的绿色材料，注意"现代材料的传统表达，传统材料的现代应用"。

四是坚持开放理念。按照"宜农则农，宜旅则旅，宜综合则综合"的要求，大力推行单体和组团建筑方案的弹性设计，在规划阶段对未来产业做出预判，对发展方向进行预留。重点在于盘活乡村资源要素。同时，乡村也正在努力把新村民引入农村，激发乡村活力，使乡村成为城里人的乐园、本地人真正的家园。

五是坚持共享理念。积极动员群众参与乡村规划，充分征求群众参与建设的意愿，在规划编制过程中让群众参与规划决策，在规划实施、后期管理过程中充分发挥社会管理的积极作用，让群众共建、共享乡村规划建设的成果。

2.2 科学构建全域城镇体系

作为全国城市总体规划编制试点城市，去年，我们启动了"四级体系"的规划大会战。彰显"蜀风雅韵，大气秀丽，国际时尚"的特色魅力。成都新总规启动编制以来，市域空间结构发生了巨大调整，实现了从"单核"向"双城"的演进。在成都新总规成果的基础上，结合四级城镇体系、资源要素，构建了成都市域的乡村振兴空间体系。四级城镇体系分别是双城，即中心城区和东部城市新区；郊区新城，即都江堰、彭州、大邑、崇州、新津、邛崃、蒲江、金堂等；特色镇，即依托原有的15个小城市，濛阳、永宁、花源、羊马、新繁、石板滩、安德、羊安、寿安等；新型社区及林盘、聚落等。新型社区规模一般5 000人以上，公共服务功能相对完善，主要依托撤并的建制镇形成；林盘、聚落规模一般100—500人，具有成都平原特色的田园综合体或农村聚落。

通过各要素的叠加分析，得到成都全域除城镇建设区以外的资源富集状况，为确立成都乡村振兴空间体系奠定了基础。在此基础上，成都市实行"成片连线"发展，即主要以交通路径等走廊为依托，串联沿线资源，以点串线、以线带面、连片发展，对"地缘相邻、业缘相亲、资源相近"的区域进行整体规划，探索区域长效协同发展机制，实现协同发展、特色发展、快速发展，最终实现区域内自然生态、产业、文化、区位交通等资源的有效调配和共享。

2.3 探索城乡融合发展单元

顺应城乡融合发展要求，打破行政边界，以统一规划、统一管理为保障，以特色镇、产业园为核心，带动现代化农场、农村新型社区、林盘的建设，形成功能完整、结构合理、辐射周边的"城乡融合发展单元"。成都全域的农村地区，有60多个农业产业园，依托这些产业园进行空间上新的组合，由功能完整、结构合理、辐射周边的特色园区，重新构筑城乡分明的空间结构，促使大量的生产元素向农村地区进一步集聚，实现农村地区空间的重塑。

2.4 "五个一"制度保障

为确保乡村规划理念的落地实施，成都乡村规划在管理办法、技术标准、人财保障等方面探索出一套做法，基本形成一套切实有效的管理框架。具体而言，就是"五个一"。

"一支队伍"：确保乡村规划的编制和实施指导。2010年，面对农村规划建设人才匮乏、标准缺失、管理薄弱的问题，成都首创乡村规划师制度。乡村规划师共有社会招聘、选派挂职、选调任职、机构志愿者、个人志愿者五种招募方式。截至目前，乡村规划师已完成八批招募，先后共有300人次，按照特色镇"一镇一师"的原则配备，实现了服务管理满覆盖，为乡村规划建设提供技术指导服务。乡村规划师起到了诸多作用。乡村规划师是规划决策参与者，制度实行八年来，累计向当地政府提出规划意见建议书2 137份；是规划编制组织者，累计代表乡镇政府组织编制规划1 692项；是规划初审把关员，累计参与审查乡镇建设项目方案2 504项；是实施过程指导员，实施过程中累计参与指导项目2 372项；是乡镇规划建议人，累计向当地政府提出改进规划工作的建议和措施2 307条；是基层矛盾协调员，累计协调化解基层规划矛盾892个；是乡村规划研究员，累计发表乡村规划有关论文150余篇。

"一套标准"：提供乡村规划技术支撑。重点围绕乡村地区如何稳定生态、如何塑造特色、如何提升产业、如何丰富形态、如何传承文化体现乡愁进行总结提升，构建"技术规定＋导则＋地方标准"的规范标准体系，涉及《成都市城镇及村庄规划管理技术规定》《成都市镇村规划技术规定》《成都市镇规划编制办法》《成都市村庄规划编制办法》《成都市乡村规划控制技术导则》《成都市农村新型社区"小组微生"规划技术导则》等。

"一笔资金"：保障乡村规划实施不断深入。为了保障乡村规划的有效开展，成都市专门设立了乡村规划专项资金，资金用途主要包括乡村规划师社会招聘人员年薪补贴、乡村规划师及全市基层规划工作人员培训、乡村规划编制补贴，以及生态及历史文化名镇、名村保护专项规划、农村新型社区示范项目规划、灾后恢复重建实施规划、一般场镇改造规划、镇（乡）村规划等编制费用。乡村规划专项资金的设立体现了市财政对乡村规划建设的创新财政支持方式，从 2010 年至今全市共发放乡村规划专项资金约 2.4 亿元，同时吸纳了近 4 亿元的社会资金投入乡村规划建设中，起到了"放大效益"。

"一套制度"：为保证全域乡村规划管理水平的全面提升，确保规划编制的"高标准、高水平"和规划实施过程中的"不变形、不走样"，成都在乡村规划管理工作中建立了一系列管理制度，如《成都市乡村规划师管理办法》《成都市农村新型社区选址意见》《成都市乡村规划许可实施意见》《成都市区（市）县规划管理督查考核办法》等。

"一套机制"：持续提升乡村规划水平。建立优秀规划设计单位资源库，能够有助于遴选优秀的设计机构、出优秀的设计成果；建立乡村规划师初审及小组联审制度，进一步保障规划成果的质量；建立乡村规划管理人员及乡村规划师培训制度和年度优秀乡村规划评优制度，对乡村规划编制、实施和管理工作实现正向推动与鼓励。

3 成都乡村规划实施探索

编制好乡村规划并以制度形成保障的同时，成都在相关规划的实施方面也进行了诸多创新。

3.1 以新的理念提升乡村规划品质

以公园城市理念，提升乡村规划品质。继成都提出建设"公园城市"以来，在乡村规划的具体实施过程中，也注重运用公园城市的内涵特质和指标体系。重点以全域景观化、景区化为目标，通过天府绿道、市域水网，连通城市与乡村，串联公园与田园，实现城乡互补互衬、共融共生，塑造"推窗见田、开门见绿"的城乡空间形态，构建"山水田林城"公园城市美丽格局。

加强特色镇培育，促进城乡联动发展。具体而言，根据制造业产业园和现代服务业集聚区的布局规划，综合考虑未来交通条件及现状发展基础，筛选出 8 个园区型特色镇，按"特色镇+产业园+林盘"模式建设，镇区规模控制在 5 平方千米以上；综合考虑景观价值和交通条件，在龙门山上筛选出 9 个景区型特色小镇，按"特色镇+景区+景点"模式建设，镇区规模控制为 1—2 平方千米，形成"山上游，山下住"的发展模式；根据都市现代农业园区布局及现状农业发展基础，筛选出 35 个农业型特色镇，按"特色镇+林盘+现代农场"模式建设，镇区规模控制在 3—5 平方千米。

强化植入现代功能，打造现代特色林盘。川西林盘是天府文化、成都平原农耕文明和川西民居建筑风格的鲜活载体，具有丰富的美学价值、文化价值和生态价值。成都市以保护优先、全面修复、合理利用、统筹推进的原则，通过提升林盘产业功能、修复生态环境、再造建筑形态，系统规划打造一批形态优美、特色鲜明、魅力独具的川西林盘，让川西林盘成为安居乐业的美丽家园。

3.2 以新的规划绘就乡村振兴蓝图

一是编制《成都市乡村振兴战略空间发展规划》。借鉴国内外成功案例，提出"建设全域公园化的大美田园风光、实现产业深度融合的创新协调发展、彰显古今相映的天府文化、完善高质高效的特色化公服配套、建立协调有序的治理体制、筑牢坚实有力的人才支撑"六大规划策略，构建城乡经济社会融合发展新格局。

二是编制《成都市首条乡村振兴示范走廊规划》。以重点产业园区和机场大地景观为载体，以交通廊道、轨道网络、河流水系和旅游资源为依托，规划形成在生态保护、产业发展、城乡统筹、文化彰显、人居环境等方面具有示范意义的乡村走廊，强化区域间功能统筹，推动农、商、文、旅融合协调发展。

3.3 以新的标准提升乡村规划水平

修编《成都市镇村规划技术导则》。推广崇州市道明镇竹艺村的规划设计经验，以公园城市理念修订《成都市镇村规划技术导则》，通过分区管控、要素控制，明确镇村的规模和功能，确定林盘、聚落的选址原则、保护措施和地域特色。

修编《成都市乡村田园建筑规划技术导则》。以塑造"新中式、川西味"建筑形态为目标，修编《成都市乡村田园建筑规划技术导则》，从规划布局、建筑风貌、公共空间、营造工艺和基础设施等方面提出引导与控制要求，实现建筑与环境、功能与形态、传统与现代的有机融合。

3.4 以新的血液增添乡村发展活力

持续加强乡村规划师管理。提高乡村规划师选拔门槛，在面试基础上增加笔试环节，拓宽社会招聘、征集志愿者、选调任职等选拔途径，优化人员结构；加强队伍培训，提高服务意识和实战技能；严格实施乡村规划师驻镇计划，强化动态监督和专项督查；完善激励机制，落实留任、流动、退出制度，打造"懂农业、爱农村、爱农民"，立志乡村、扎根基层的规划人才队伍。

4 展望未来

在成都现行乡村规划实践的基础上，展望未来。一是要持续做好深化农村改革、抓好

"三农"工作。我们要充分认识到，农业不仅为城市提供供给功能，更重要的是为农村本身提供固本功能和生态功能。成都城乡一体化的根本出路在于变革城乡规划体系，重塑经济地理。相应地，推动农业供给侧结构性改革，根本着力点要放在要素供给改革上。

二是在新的历史发展起点，必须重新审视城乡空间布局体系，重塑经济社会发展版图。对于成都全域而言，要打破现有城镇体系，优化城乡空间布局，打造一批产业"特而优"、形态"精而美"、机制"活而新"的特色乡镇和川西林盘；提升特色镇在推进城乡一体化工作中的要素集聚能力、综合承载能力、辐射带动能力，塑造一批"川西林盘聚落"，进一步做好林盘保护规划，建好一批精品林盘，抓好社区发展治理。

三是坚持政府、市场、群众三个主体"一起做"，培育"三农"工作新动能。要坚持政府主导和群众主体，围绕深化农村改革，为城乡一体化发展提供政策、资金等要素供给制度设计。

乡村规划是一个综合协同、上下结合、产村相融、记住乡愁、落地实施、持续创新的规划，它以人为核心、以生态为基础、以产业为支撑、以统筹为方法、以文化为灵魂、以制度为保障，既是美好的愿景，又是期盼的结果，更是一个协同、系统、综合推进的实施过程。

乡村振兴背景下珠海市乡村规划建设管理

王朝晖

摘　要　乡村规划及建设管理作为促进乡村发展的重要手段，不仅能够为乡村发展提供可持续、综合性的技术支持，而且能够营造乡村治理和乡村全面发展的良好氛围。珠海市在积极推进乡村发展的过程中，形成了一套具有珠海特色且利于乡村可持续发展的规划建设管理方法与体系，并在国家乡村振兴战略要求和广东省发展策略指引下，进行了持续探索、反思与优化。本文首先回顾了珠海市乡村规划建设管理的工作过程与方法，随后解析了当前乡村振兴对乡村规划建设管理工作的新要求，最后系统深入地分析了在乡村振兴新要求下珠海市在乡村规划编制体系、规划建设管理体系和实施保障体系三方面的探索与转变，以期为全国其他地区乡村规划建设管理工作的优化提供参考。

关键词　珠海市；乡村规划；乡村建设管理；乡村振兴

在城乡统筹发展时期，中央一号文件连续15年聚焦"三农"问题，体现了"三农"问题的重要性，也反映出解决"三农"问题的难度。乡村振兴战略的提出，是继统筹城乡发展、建设社会主义新农村之后，乡村建设工作的又一次升级，然而由于我国长期存在的城乡"二元"格局，使得乡村的规划管理工作相对落后，目前能够适应新形势要求且行之有效的乡村规划编制和建设管理模式仍处在探索阶段。

珠海市于2006年全面开展新农村建设行动，在"顶层设计、统筹规划、全面建设、综合考核、持续推进"的工作路径下，乡村建设工作逐渐步入常态化、规范化和制度化轨道，形成了一套具有珠海特色且利于乡村可持续发展的规划建设管理方法和体系，并在国家乡村振兴战略要求和广东省发展策略指引下，结合乡村风貌不佳、基层管理机制不完善、乡村建设保障不深入等薄弱环节，进一步完善乡村规划建设管理体系，持续发挥其在塑造乡村特色、治理乡村问题中的积极作用。本文系统回顾了珠海市乡村规划建设管理工作模式与过程，结合乡村振兴战略的新要求，梳理珠海市乡村规划建设管理体系的探索与转变，以期为珠三角地区乃至全国其他地区实施乡村振兴战略，推进城乡统筹发展提供思考和借鉴。

作者简介
王朝晖，珠海市自然资源局局长，中国城市规划学会乡村规划与建设学术委员会委员。

1 珠海市乡村规划建设管理工作回顾

1.1 全面把控规划编制过程

1.1.1 高端谋划，实现全域覆盖

乡村不同于城市，在社会资源分配上往往处于劣势，在建设发展上也较为缓慢，如何在顺应乡村发展规律的前提下，积极引导乡村的可持续发展，关键在于对乡村发展道路进行系统而长远的谋划，实现对乡村各类规划与建设行为的有效规范。早在全面启动新农村建设工作之前，珠海市就邀请国内专家学者就珠海农业发展和新农村规划建设出谋划策，达成了"不规划、不建设"的共识，明确了"政府组织、专家领衔、村民主导、部门合作"的乡村规划编制模式，在此基础上诞生了一套"横向到边、纵向到底"的全覆盖乡村规划体系。"横向到边"是指珠海的乡村规划实现了市域乡村全覆盖，使得乡村范围内所有建设项目都有规划可依、所有空间资源都有规划管控；"纵向到底"是指所编制的乡村规划与城市规划、镇规划、土地利用规划、专项规划等相衔接，达到"多规合一"目的，使其具有扎实的编制基础和较强的实用性。

1.1.2 注重过程管理与跟踪修复

与规划过程相比，传统的乡村规划更加重视规划的最终成果，但乡村及其所处的区域环境是动态且细微的，乡村规划本身也应该是一个循环修复的过程，因此建立全过程的规划编制控制就显得尤为重要。珠海市从启动乡村规划编制工作之初就已经建立了"把控初始环节—开放中间环节—跟踪末端环节"的规划编制管理思路，极大地提升了规划实施效果。具体而言，在规划初始环节，明确提出乡村规划必须因地制宜、集约节约用地的任务规定，要求规划编制必须充分挖掘特色、错位发展、多规融合，一定程度上避免了套用模式的"批量生产"，确保了规划成果的编制高度和编制特色；在规划中间环节，采取多种形式积极调动各区镇相关职能部门、村民代表参与讨论和意见征求，全过程开放式的规划编制方式大大提高了村民对乡村规划编制的认识和认同，保证了规划的实施效果；在规划实施的末端环节，及时跟踪规划的实施效果，开展乡村规划内容体系、乡村配套体系、规划实施体制和机制等方面的实施评估，及时发现规划编制深度的局限，了解管理部门、实施机制与规划内容不适应的地方，有针对性地提出规划管理对策和改善措施，更好地服务下一轮规划修编工作。

1.2 不断提升管理运作效能

1.2.1 政策引领，落实行动计划目标

长期以来，我国大多数农村地区的乡村规划都偏重于问题分析和目标制定，忽视了

行动计划与工程项目的重要作用,导致规划难以落实,项目难以落地。为避免这一问题,2012年珠海市以政策为引领,制定5年的乡村建设细分目标;提出实施"6+1"工程(即特色产业发展工程、环境宜居提升工程、民生改善保障工程、特色文化带动工程、社会治理建设工程、固本强基工程及精神文明建设),并在随后的规划编制过程中,紧密围绕"6+1"工程落实具体行动和建设项目,改变了以往乡村规划任务平均用力、重复建设,轻产业发展、重村庄建设,建设项目落地难,缺乏统一标准等问题,有效保证了各项建设工程的稳步、有序推进。

1.2.2 领导挂点,形成合力联动共推

在社会资源集中流向城市、乡村发展动力不足之时,强有力的政府引导对促进乡村发展、平衡公共利益、缩小城乡差距具有重要作用。珠海市在推进新农村建设过程中也尤为强调政府引导与政府执行,围绕"6+1"工程建立由市五套班子领导和各相关部门领导牵头的"领导挂点"制度,该制度明确了各级领导和相关部门的主要职责与工作任务,在乡村规划建设过程中发挥了良好的促进作用。具体而言,209位市、局级干部深入乡村调研,为基层群众出谋划策,提升新农村建设发展水平;局级挂点干部承担乡村建设各项工作推进和督办的职责,助力乡村规划实施;挂点单位充分发挥自身资源优势,为乡村提供物质、文化、人才等帮助,开展城乡共建活动,帮扶农村建设。在良好的新农村建设氛围下,激发了工商企业人士、华人华侨、爱心人士、乡贤等社会力量和乡村爱心互助会、侨联会等社会群体积极参与新农村建设,形成党政、企业、村"两委"三方面合力共建新农村的良好局面。

1.2.3 优化方法,构建灵活的管理机制

(1)对规划编制工作的管理优化

乡村管理不仅涉及对建设实施的引导,而且包含对规划编制工作的规范。为营造良好的乡村规划编制氛围,更好地促进乡村管理工作的开展,珠海市从编制组织、招标要求、成果标准和技术审查等方面进行了调整优化,促进了规划编制整体水平和编制工作效率的提高。

在编制组织中,将镇级单一组织向市、区、镇多方共同组织转变,解决了以往乡村规划重视程度和规划执行效率较低的问题。

在招标要求上,将单个村庄分别招标向若干村庄(以镇域范围划分)包组招标方式转变,打包招标要求优先编制镇域协调规划,保证各乡村规划的编制不再"就村论村",而是立足宏观统筹下的协调结果。此外,打包招标可实现多家编制团队同步开展相应包组的规划编制工作,确保足够的人员投入,促成规划团队间的良性竞争,提高了规划编制的整体水平。

在成果标准上,预先公布规划成果入库统一标准,提高了规划编制工作的效能,确保

了乡村规划编制数据的统一,促进了乡村规划编制信息化平台的建设。

在技术审查中,除开展常规部门审查、专家审查外,增设编制单位互审、技术统筹服务单位参与审查环节、备案审查环节(重点审查乡村建设规划与国土规划、上位规划等的关系)等,保证了规划内容的规范性和可实施性。

（2）对规划实施工作的管理优化

考核与奖励是乡村规划建设管理工作中不可或缺的重要行为,能够帮助管理者动态掌握乡村建设的整体情况,并更好地集中资源帮助更具优势的乡村优先建设,形成示范效应。珠海市在乡村建设管理工作中建立了整体工作、专项工作与乡村竞标的联动考核机制和"以奖代补"的奖励模式,极大地催生了乡村建设的内生动力,激发了乡村管理主体和村民的建设热情。

在考核机制方面,整体工作绩效考核由"创建"工作指标考核和民主测评两部分组成,考核结果直接作为干部选拔任用、培训教育、管理监督参考标准;专项工作考核重点针对"6+1"各单项工程和其他建设工程的行动评比检查;乡村竞标考核为"示范村居"建设指标的评比考核,是各乡村竞争建设资金的重要渠道,整体工作绩效考核和专项工作考核的结果均捆绑纳入"示范村居"竞标考核结果(表1)。

表1 整体工作绩效考核内容

大类	类型	基本说明	分数
"创建"工作指标考核（90%）	成立组织机构及责任落实情况	对镇街组织机构设置、责任落实及领导重视情况的考核	15分
	制订"创建"工作方案和工作计划	对镇街制订"创建"工作方案和计划情况的考核	15分
	落实"创建"工作各项任务	对镇街推进"六大工程"任务落实和资金配套情况的考核	40分
	"创建"工作成效	领导班子成员在创建工作的"六大工程"中所取得的实绩和效果	30分
民主测评（10%）	村民满意度		100分

资料来源：珠海市住房和城乡规划建设局。

在奖励模式方面,通过竞标评选方式,对乡村生产发展、规划建设、村容环境、基层组织、村居和谐、公共事业、农村改革、自治组织、领导重视程度、竞标材料十大方面49个细化指标进行评分,选取"示范村居",集中力量为发展潜力和资源价值更优的乡村注入更多的建设帮扶。竞选过程采取村支书或村主任竞争演讲、现场评分、评审委员会审核公布方式,通过竞标评选产生的"示范村居"获得建设资金奖励,用于新农村各项工程建设。

2 乡村振兴下乡村规划建设管理新要求

2.1 顶层设计，因地制宜

我国乡村规划在经历了早期萌芽、起步摸索、全面探索到理性回归四个主要阶段后（梅耀林等，2014），不仅在规划内容深度上产生巨大差异，而且在规划编制地位上产生了重大变化，乡村规划对乡村建设发展的作用逐渐受到关注与认同。近几年国家颁布的政策法规也较好地体现这一点，如《村庄整治规划编制办法》（2013年）、《村庄规划用地分类指南》（2014年）等，将"乡村"从"乡镇"技术规范中抽离出来，改变了乡村规划编制无要求、内容深度无重点、管理实施不重视的局面。乡村振兴则明确要求"做好顶层设计，注重规划先行、突出重点、分类施策、典型引路"，乡村规划的地位得到进一步提升。珠海市一直秉承顶层设计、规划先行的理念，在指导乡村建设与空间发展方面发挥了良好的作用。随着乡村建设工作的深入，已有的乡村规划编制体系逐渐暴露出纵向延伸不足的情况。因此，未来需进一步结合乡村发展诉求和乡村精细化管理要求，突出重点，分类施策，深化乡村规划编制体系，更好地服务乡村建设管理。

2.2 制度完善，治理有效

乡村，尤其是行政村，是一个体现基层政府管理和基层民主自治双重结构的区域，但当前这两种结构还存在较多冲突与矛盾，乡村振兴战略提出的"建立健全党委领导、政府负责、社会协同、公众参与、法治保障的现代乡村社会治理体制，坚持自治、法治、德治相结合"成为解决这一矛盾的法宝。广东省在推进乡村社会治理体制完善过程中，提出大力实施"头雁"工程，要把农村基层党组织建设成为引领乡村振兴的坚强战斗堡垒，为珠海市乡村建设管理制度优化指明了方向。

2.3 城乡融合，乡村优先

城乡融合是社会发展的必然趋势，是城乡发展的终极目标。从国外多个国家的发展经验来看，城乡矛盾得到解决，一般城镇化率需达到70%以上。截至2017年年底，我国城镇化率仅58.52%（数据来源：国家统计局），城乡矛盾的缓解还需要一个漫长的过程，针对我国乡村人口加速流入城镇、乡村面临急剧衰退的现实情况，乡村振兴战略要求规划建设管理中应给予乡村更多的政策关注和更多的资源投入，努力将乡村的从属地位提高至城乡关系中的平等地位。截至2017年年底，珠海市常住人口城镇化率已达89.37%（数据来源：《2017年珠海市国民经济和社会发展统计公报》），从国外发展经验来看，城乡关系已经步入协调时期，但目前珠海市乡村建设仍然存在资金投入不够、人才短缺、发展动力不足等问题，未来仍需积极推进农业农村优先发展，引导各类资源适度向乡村聚集。

2.4 扶贫结合，风貌提升

摆脱贫困是乡村振兴的前提，对全面建成小康社会、全面建设社会主义现代化国家具有决定性作用。广东省在推进乡村振兴战略过程中，侧重把实施乡村振兴战略与打好脱贫攻坚战有机衔接起来，在国家相关要求下结合发展不平衡不充分的省情农情，制订实施精准脱贫攻坚三年行动方案，突出脱贫攻坚与乡村振兴的联动实施，在资金投入、项目建设、政策支持、人才投入等多方面帮助贫困地区形成一个良性的"造血"系统。此外，结合乡村振兴"提高农村民生保障水平，塑造美丽乡村新风貌"的要求，制定《关于 2 277 个省定贫困村创建社会主义新农村示范村的实施方案》《关于全域推进农村人居环境整治建设生态宜居美丽乡村的实施方案》等政策文件，积极探索将精准扶贫行动、人居环境提升工程与乡村振兴"产业兴旺、生态宜居、乡风文明、治理有效、生活富裕"的总要求有机结合。珠海市虽然没有省定贫困村扶贫任务，但在高水平建设美丽乡村、打造特色鲜明的示范乡村方面仍需持续努力。因此，乡村振兴背景下乡村人居环境提升，成为珠海市当前乡村规划建设管理工作的重点。

3 乡村振兴背景下珠海市乡村规划建设管理应对

3.1 规划编制体系：由建设规划向生境规划深入

3.1.1 已有体系——"3+1+1"

目前国内大多数研究乡村规划问题的学者达成共识，即乡村地区也需要具有科学性、逻辑性和可操作性的乡村规划，并且应当建立行之有效的乡村规划体系（周游等，2014）。珠海市在开展新农村建设工作之初，就形成了"3+1+1"的乡村规划编制体系，该编制体系采取先市域—镇域—专项三级统筹规划，再编制乡村建设规划，最后对乡村规划进行评估反思的方式，全面优化乡村建设规划的编制，实现了上层次规划对乡村规划的科学指导，确保规划实施评估对乡村建设规划的反思检讨和优化调校。而且由于在规划编制过程中突出了高端谋划，确保了多方参与，实现了前期把控，使得乡村规划的成果内容具有较好的适应性和实用性，在指导乡村建设过程中发挥了良好的作用（图1）。

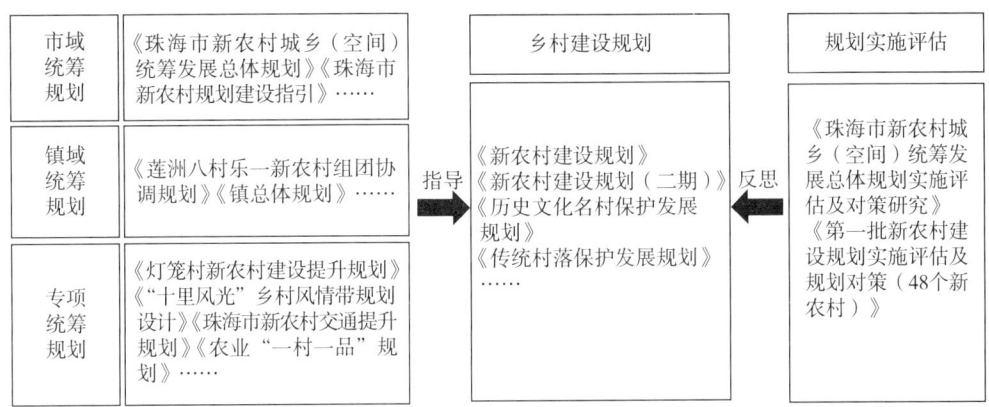

图 1 珠海市 "3+1+1" 乡村规划编制体系
资料来源：珠海市住房和城乡规划建设局。

3.1.2 深化补充——风貌环境

在"3+1+1"编制体系中，乡村建设规划成为核心，规划内容侧重保障民生、保障公平和打造示范，更加关注乡村生产生活条件的改善和农村生活福利水平的提高。但该体系对乡村原生资源禀赋和历史文化价值的重视程度不够，导致珠海市在大力推进新农村建设的过程中乡村建设风貌缺失、"千村一面"，引发了珠海市对乡村整体人居环境改善的深入思考。围绕乡村振兴对农村地区提出的"持续改善农村人居环境"的要求，对接广东省委、省政府《关于全域推进农村人居环境整治建设生态宜居美丽乡村的实施方案》等政策文件，在已有的乡村规划编制体系下，进一步纵向延伸了乡村风貌重塑、乡村整体人居环境提升相关的规划编制工作，具体包括持续开展传统村落和历史文化保护相关规划，完成省级新农村示范片规划编制（第一批斗门区、第二批金湾区、第三批高栏港区），优化农村建房标准图集设计（村民可免费使用），新增乡村整治规划设计和农村建筑风貌管控设计等。

在乡村整治方面，注重政策引领，对标广东省美丽乡村建设要求，制定《珠海市全域推进农村人居环境整治建设生态宜居美丽乡村的实施方案》，明确整治目标和整治要求，在规划编制过程中继续发挥行动计划的工作优越性，建立乡村整治项目库，明确实施责任主体、实施时序、投资费用等具体内容，确保规划落地。在农村建筑风貌管控设计中，从农房所在的地域环境基底出发，将风貌管控细分为山区型、水乡型、农田型、海岛型、城市周边型和园区周边型六大类，改变了就农房论农房的局限和对岭南建筑风貌浮于表面的状态，真正把乡村生境与历史文化进行了有机融合，提取建筑风格细部模块并细化到民居建筑图集设计，以更直观、更通俗的方式为基层管理和村民使用提供便利（图 2）。

建筑细部模块

村落分类（编号）	部位名称（编号）			
	屋顶（a）	围护·栏杆（b）	围护·墙体（c）	细部装饰（d）
农田型（A）				
水乡型（B）				
山区型（C）				
城市周边型（D）				
园区周边型（E）				

村落分类（编号）	部位名称（编号）			
	檐口（e）	门（f）	窗（g）	墙面材料（h）
农田型（A）				
水乡型（B）				
山区型（C）				
城市周边型（D）				
园区周边型（E）				

民居建筑图集示意：水乡型

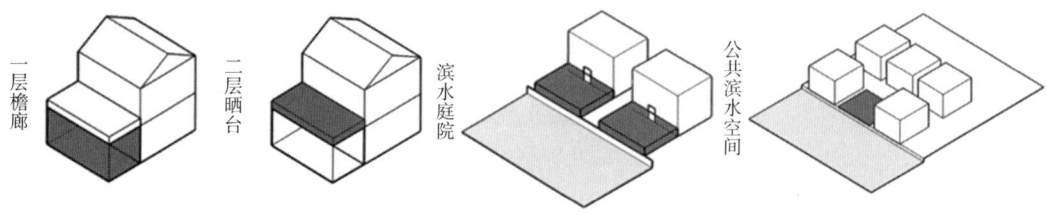

 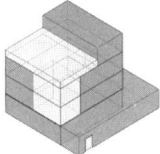

图 2 　农村建筑风貌管控及民居建筑图集示意
资料来源：《珠海市农村建筑风貌管控和建筑图集设计》。

3.2　规划建设管理体系：由自上而下向自下而上引导

3.2.1　完善乡村规划许可制度

（1）设置"三级"管理架构

《乡村建设规划许可实施意见》中明确，城市、县人民政府城乡规划主管部门负责受理、审查乡村建设规划许可申请，作出乡村建设规划许可决定，核发乡村建设规划许可证。珠海根据上述要求，结合实际情况，建立了"市局—分局—规划所"三级管理架构。市局负责统筹全市村镇规划管理工作；各区负责各自辖区内的村庄规划管理工作（包括统一档案管理、监督报建管理等），并全程服务各区政府的城乡规划编制及实施；镇街层面的规划所依据市局事权下放，直接进行村民报建审批和《乡村建设规划许可证》打印。这一架构充分授权、精简政务，很大程度上克服了以往审批主体技术力量薄弱的问题，大幅度提高了乡村规划许可的工作效率和质量。

（2）简化流程，提供一站式服务

在"三级"管理架构基础上，结合广东省简政放权、放管结合、优化服务的相关政策要求，珠海在各镇（街）设立了镇村建设管理服务中心，由镇政府（街道办）、规划所、国土所、不动产登记中心、城管执法中队等部门集中派驻，对村民建房的日常事务实行"集中式管理、一站式服务"。此外，结合每村村委会配置 1 名报建员，负责村民报建的填报工作与指导工作，村民报建流程由原来跑 10 余个部门的手续精简为三步，在提出报建申请后，镇村建设管理服务中心审核—规划所审批—镇村建设管理服务中心颁发《乡村建设规划许可证》，时间也由原来的60个工作日缩短至5个工作日，最长不超过15个工作日。同时，为减轻村民报建和建房的经济压力，进一步简化材料、减免费用、压缩成本。报建工作的优化和报建成本的降低，使得近年来农村报建业务大幅增长，全市各区核发乡村规划许可证由2012年25宗增加到2017年的3 434宗。截至2018年4月，全市共计核发乡村规划许可证12 119宗（图3、图4）。

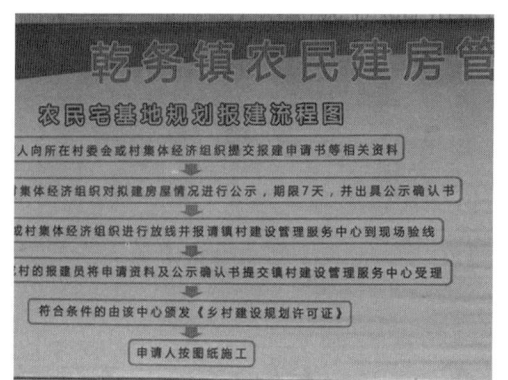 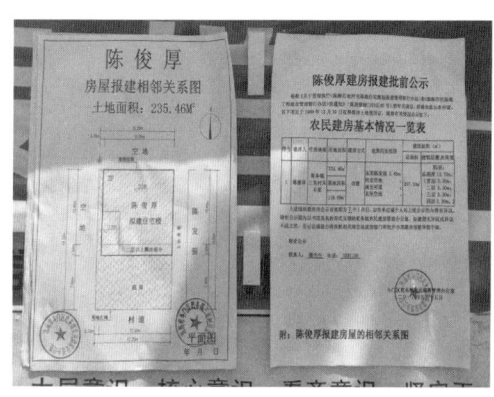

图3　农民宅基地规划报建流程和村民建房报建批前公示
资料来源：珠海市住房和城乡规划建设局。

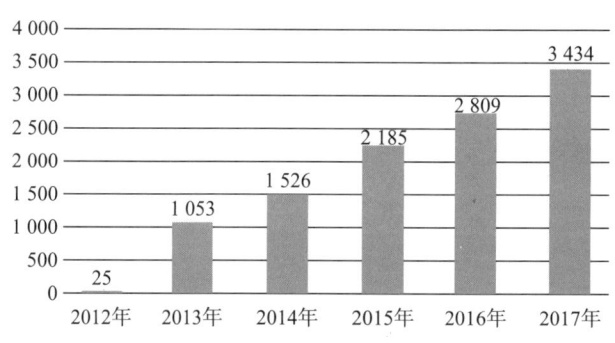

图4　2012—2017年宅基地报建宗数
资料来源：根据珠海市各区乡村规划许可证汇总情况整理。

3.2.2　优化乡村社会治理条件

乡村社会治理是我国国家治理体系的基础，不仅包括基层党建、政府对乡村社会的管理，而且包括乡村社会组织及村民的共同参与。在乡村振兴背景下，传统的基层治理模式已经不能满足发展需求，必须完善乡村社会治理模式，破解乡村治理困境。珠海市从管理创新、公众参与和规划成果表达三个方面积极营造乡村社会治理的条件，在推进乡村善治方面取得了一定成效。

（1）管理创新利于治

从建实建强农村党组织的角度出发，珠海市探索推行"班子联席会议制度"和"党群联席会议制度",发挥村务监督委员会的作用,加强对农村各类社会组织的全面领导,提升村党组织领导村民推进乡村振兴的能力和水平。同时,落实广东省"头雁"工程,实施农村党组织"领头雁"工程;积极探索以村党组织为核心的"民主商议、一事一议"村民协商自治模式,推进"村民议事厅"建设,探索开展村民议事会、村民理事会、乡贤理事会等群众自治组织试点。目前珠海市斗门区莲洲镇红星村已设立村民理事会试点,理事会成员由各自然村协调能力强、热心公益事业、办事公正的村民中选举产生,负责协助村委会开展工作,能够充分调动村民参与的积极性,确保基层管理工作的有效推进(图5)。

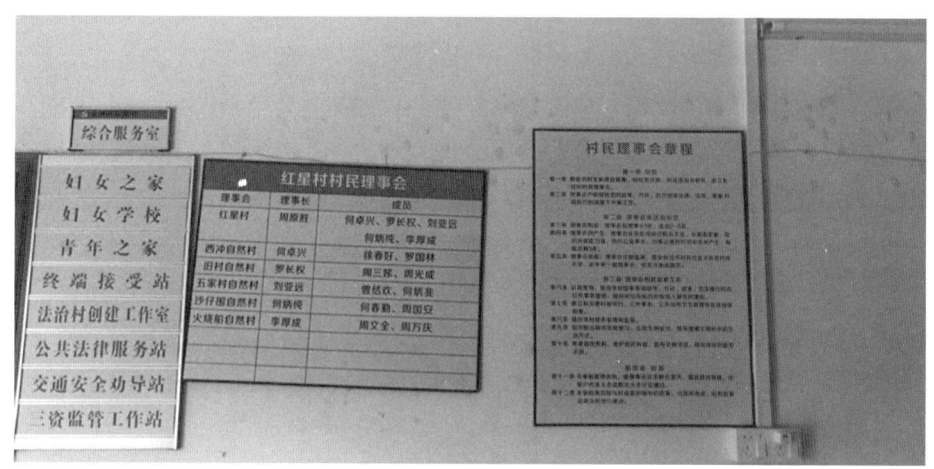

图 5　红星村村民理事会
资料来源:珠海市斗门区莲洲镇。

（2）公众参与顺于治

乡村规划管理的方向是"乡政村治",扩大村民的自主权(张尚武等,2014)。我国《城乡规划法》第十八条明确规定乡村规划要"尊重村民意愿"。从珠海市乡村建设的经验来看,村民参与的积极性与参与程度是决定乡村规划能否有效执行的关键。因此,在新一轮乡村整治规划编制过程中,继续秉持"开放式"的规划参与形式,充分尊重民意,掌握村民对乡村人居环境的整治与建设需求,以此形成现状整治需求台账,作为乡村整治规划的现状基础,从而确保规划的落地。

（3）通俗表达便于治

珠海市目前正在积极推进村规民约建设。考虑村民大多缺乏乡村规划的基础知识,将乡村建设发展、生产要求、建筑风貌、环境卫生、公共事务等规划内容以更易理解的方式呈现,同时在规划成果形式表达上积极探索规划简本,如《金湾区自然村规划》中,创新采用"1图1表1公约"形式,对整治项目采取直观图示表达,对控制要求采取条目简化,便于村民理解与执行(图6)。

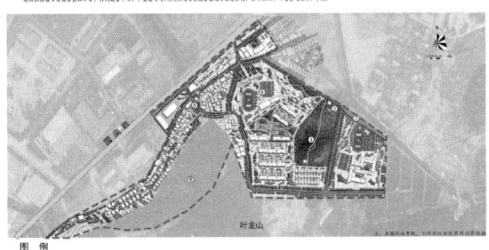

序号	项目类型	项目名称	空间位置	建设规模	投资规模估算（万元）	备注
1	村容村貌整治	清"三清"拆"三旧"	全村	—	400	
2	垃圾处理	垃圾收集点建设	全村	—	20	
3	污水工程	污水管网工程	全村	2km，D300—D400管	150	
4	给水工程	给水支管修复工程	全村	5km，D110管	240	
5	雨水及防洪工程	截洪沟工程	全村	约2 000m	40	单价2 000元/m
6		排洪渠工程	全村	约2 000m	60	单价3 000元/m
7		雨水管工程	全村	约2 000m	40	单价2 000元/m
8	村道建设	4m道路硬底化工程	村中部及北部	约1 000m	60	单价150元/m
9		4m宽道路新建工程	东部新村南侧	约260m	15.6	单价150元/m
10	设施完善	公共厕所建设工程	村中部生态公园内	1处	5	单价5万元/处
11		学校建设工程	村东部	1所，约10 000㎡	1 800	单价1 800元/㎡
12	绿化整治	道路绿化建设工程	村庄外围环线道路	约3 000m	150	单价50万元/km
13		公园节点建设工程	村公共服务中心前	约1 000㎡	500	单价500元/㎡
14	绿化整治	河边景观走廊建设工程	村北部河边南侧	约400m	20	单价50万元/km
15		其他绿化景观节点建设工程	全村	约1 500㎡	75	单价500元/㎡
16	电力通信工程	电力通信综合整治工程	全村	约4 000m	320	单价800元/m
17	路灯工程	亮化工程	全村	60盏（带杆，含电缆）40盏（不带杆，含电缆）	44	6 000元/盏（带杆，含电缆）2 000元/盏（不带杆，含电缆）

图6 金湾区自然村"1图1表1公约"案例示意——东升村

资料来源：《金湾区自然村规划》。

3.3 实施保障体系:由全面探索向精准施策扩展

3.3.1 全面探索

(1)技术保障——"规划师下乡"

为密切联系乡村实际,深入了解乡村物质生活环境和生活需求,需要专业技术人员深入乡村、走进农家,切实了解乡村的发展脉络,翔实地反馈乡村的发展诉求。因此,珠海市在贯彻落实广东省"三师"(规划师、建筑师、工程师)专业志愿者下乡服务工作要求基础上,以加强村镇规划管理队伍为突破口,建立适应城乡统筹发展需求的"规划师下乡"制度。该制度由村镇规划师和乡村规划师志愿者组成,规划技术人员队伍超过100人,极大地充实了基层规划管理力量,形成"上下联动、内外结合、左右协调"的工作运行机制,对乡村高效、精细化发展建设发挥了巨大作用(表2)。

表2 "规划师下乡"制度的主要构成类型及具体情况

类型	产生方式	数量(人)	主要职责
村镇规划师	区配、基层规划部门管,采取年薪制,通过采购规划技术服务机构或聘用专业技术劳务人员等形式配备	>30	全程参与乡村规划编制,指导乡村建设规划实施,化解农村"报建难"工作,指导村民建房,为村镇发展出谋划策
乡村规划师志愿者	由参与珠海市乡村规划编制单位选派的规划编制人员构成,志愿服务	>70(2名为省厅派驻珠海的规划师志愿者,分别为景观设计师庞伟和华南理工大学教授冯江)	对涉及乡村规划、乡村建设事务的决策研究提供咨询参考意见,对乡村具体建设项目的规划设计方案、实施方案提出技术审查参考意见,向乡村"两委"提出提高乡村管理工作效率的措施和建议等

资料来源:根据珠海市住房和城乡规划建设局资料整理。

(2)资金保障

资金保障对乡村建设的顺利开展具有重要作用,通过制定合理的奖励政策和优惠政策,极大地激发乡村建设的热情。在新农村建设时期,珠海市每年采取"以奖代补"方式,按照示范村、精品村、生态村等不同类型和市、区级不同等级的方式,分别对规划好、行动快、措施实、成效大的乡村提供建设奖励,并针对重点地区和重点建设项目采取适当扶持,提高资金集聚的使用效益。

(3)规划管理制度

乡村规划管理实质是一种行政管理,因此不能脱离法律法规的约束。随着乡村规划与建设的不断展开,珠海市加快了乡村规划编制体系的建设。与此同时,出台了大量乡村规划法规和规范性文件,包括《珠海市村镇规划建设管理办法》《珠海市村居建设规划管理技术规定》《珠海市新农村建设督查工作指引》《珠海市新农村建设工作考核指标体系》等，及时弥补了乡村规划的法规支撑和技术指引，对乡村规划编制内容的规范统一、乡村规划地位的提高发挥了重大作用。

3.3.2 精准施策

（1）进一步强化乡村规划建设队伍

随着"规划师下乡"制度执行的不断深入，单一的"规划下乡"已不能满足乡村在建筑风貌、特色营造、建筑施工等方面的精细化需求。按照广东省政府关于开展"三师下乡"服务活动工作部署，自2017年起珠海市开始扩充"下乡"制度的技术人才配备，积极向"三师"人才迈进。例如，由我市建筑院、规划院和工程师组成专业队伍，下乡深入调研农房建筑特点与村民住房需求，跟踪反馈第一版农村建房标准图集的实施效果与问题，及时优化形成第二版农村建房标准图集。同时，加强对"三师"队伍专业技术的强化，如开展农村建筑工匠专业培训，邀请华南理工大学参与制定国家乡村规划建设政策、拥有大批岭南建筑特色方面的规划研究与实践成果的优秀团队进行授课，为培养一支熟悉岭南建筑审美和农村房屋建造技术、建造安全等方面知识，业务精通、技术过硬的规划建设管理者和农村建筑工匠队伍奠定了基础，并为新一轮乡村人居环境提升工作培养与储备了建造人才（图7）。

图7　珠海市第一批农村建筑工匠培训现场与考核现场

资料来源：珠海市住房和城乡规划建设局。

（2）健全财政投入与社会参与建设机制

充足的资金保障在推进珠海市新农村建设过程中发挥了不可忽视的作用。因此，在乡村振兴背景下，珠海市提出建立市区两级稳定的乡村振兴专项资金投入机制，结合乡村人居环境综合整治工作，进一步健全持续稳定的财政投入保障，并延续"以奖代补"的财政激励机制，对按照规定时间完成环境整治任务且创建成功的"省级干净整洁村""省级美丽宜居村"等，由市区按照一定比例进行配套奖补。

此外，鼓励各类企业以合作开发方式，积极参与农村人居环境整治项目和经营性服务。

规范推广政府和社会资本合作（PPP）模式以及"规划、设计、建设、运营一体化（EPC）"模式，通过特许经营等方式吸引社会资本参与农村垃圾污水处理和农村文化保护修复等项目建设。

（3）强化规划管理制度

随着乡村规划编制体系和规划建设管理体系的不断深入，为确保乡村各项规划的编制深度、技术标准、管理实施更加严谨规范，在落实广东省关于新农村示范片区建设和省定贫困村创建社会主义新农村示范村的相关要求下，进一步研究制定规划技术指引和管理规定。例如，针对珠海市整村改造和新农村示范片区建设工作，出台《珠海市整村改造规划建设管理办法（建议稿）》《珠海市新农村示范片区规划编制指引研究》《珠海市新农村整村改造规划与建设指引研究》《珠海市新农村整村改造和示范片区打造配套政策体系研究》等文件；针对乡村整治，研究制定《珠海市乡村整治规划编制标准》等，通过编制地方各类乡村规划技术规定和管理办法，加强规划与管理的内部监督，提高管理水平，加快实现乡村规划管理制度化、科学化、规范化的目标。

3.3.3 实施效果

珠海市乡村规划建设管理高度关注政策落地与建设成效，在良好的建设管理工作方法和体系下，"6+1"工程得到较好落实，乡村建设工作取得显著成效（表3）。

表3 "6+1"工程具体实施成效

"6+1"工程	实施成效
环境宜居提升工程	保洁员、垃圾转运点覆盖100%的新农村；污水处理100%覆盖行政村；行政村及200人以上的自然村已基本实现公路硬底化
社会治理建设工程	新农村100%实现由执业律师担任法律顾问；100%安装治安视频监控系统；90%以上的行政村建立了村务监督委员会；1/3的新农村建成金融服务站；解决村民建房报建难问题，截至2018年4月，共核发乡村规划许可证12 119宗
特色文化带动工程	在海澄村、虎山村、鸡山社区等建立国家级、省级非遗项目传承基地；建成100个村级文化广场、283个农家书屋
民生改善保障工程	镇街政务服务中心、乡村公共服务站、村民网上办事服务终端覆盖率100%；居家养老服务机构130个，居家养老服务100%覆盖；新农保参保率达100%，基本医疗保险参保率达98%以上
特色产业发展工程	2017年，斗门区乡村旅游春节接待游客50.7万人次，同比增长51%；十里莲江乡村旅游风情带入选全国休闲农业与乡村旅游十大精品线路
固本强基工程	陆续组织超过1 000人次的镇村基层干部、村民代表到台湾、江浙、山东、湖南、贵州以及广州、梅州、清远等地学习，并与全国美丽乡村建设的样板杭州市桐庐县、湖州市安吉县签署了战略合作协议
精神文明建设	2016年文明镇街覆盖率达60%；2016年斗门区莲洲镇开展村民理事会试点工作，形成政府治理、社会调节、居民自治的社区治理互动模式

资料来源：根据珠海市住房和城乡规划建设局资料整理。

在产业发展方面,各区结合自身特色实现了产业的快速提升。如斗门区以乡村生态旅游为核心,共获得国家级荣誉17个,省级荣誉10个,2015—2017年全区旅游接待总人数分别为565万人次、633万人次、750万人次,带动农村人均可支配收入保持两位数增长。

在乡村建设方面,全市145个村居(含涉农社区)被评为省级卫生村,多村被评为省级宜居示范村庄。2016年县(市)域乡村建设规划和村庄示范名单中,珠海市斗门区和莲洲镇莲江村入选,这也是广东省仅有的两个入选单位。

在风貌保护和环境提升方面,全市涌现出一大批优秀传统村落。如斗门镇南门村在2014年荣获"CCTV中国十大最美乡村"称号,且与斗门区排山村共同被列入2018年中央财政支持范围中国传统村落名单(图8)。

南门村

莲江村

图8 珠海市典型乡村代表——南门村、莲江村
资料来源:珠海市住房和城乡规划建设局。

4 结语

乡村振兴是一个复杂的系统工程,涉及产业振兴、绿色发展、文化繁荣、基层治理、

精准脱贫、环境整治、社会投入、乡村建设等多个方面。同时，乡村振兴也强调因地制宜、分类施策。当前广东省在推进乡村振兴战略时结合自身省情已侧重精准扶贫工作和乡村人居环境提升工作，为珠海市实施乡村振兴战略指明了方向。结合自身乡村发展特点，未来珠海市乡村建设工作的重点进一步细化为乡村人居环境提升与风貌保护。顺应这一工作重点，珠海市在乡村规划编制体系、规划建设管理体系和实施保障体系中均已开展探索，但由于实施时间较短、实施深度有限，规划建设管理体系的运行效能还有待检验，在未来珠海市全面推进农村人居环境综合整治等相关工作的过程中还需及时完善和不断优化，才能更好地适应新的发展需要，持续发挥其在塑造乡村特色、治理乡村问题中的积极作用。

参考文献

[1] 房艳刚："乡村规划：管理乡村变化的挑战"，《城市规划》，2017年第2期。
[2] 梅耀林、汪晓春、王婧等："乡村规划的实践与展望"，《小城镇建设》，2014年第11期。
[3] 梅耀林、许珊珊、杨浩："实用性乡村规划的编制思路与实践"，《规划师》，2016年第1期。
[4] 乔杰、洪亮平、王莹："全面发展视角下的乡村规划"，《城市规划》，2017年第1期。
[5] 申明锐、张京祥："新型城镇化背景下的中国乡村转型与复兴"，《城市规划》，2015年第1期。
[6] 叶红："珠三角村庄规划编制体系研究"（博士论文），华南理工大学，2015年。
[7] 曾帆、邱建、蒋蓉："成都市美丽乡村建设重点及规划实践研究"，《现代城市研究》，2017年第1期。
[8] 张尚武、李京生、郭继青等："乡村规划与乡村治理"，《城市规划》，2014年第11期。
[9] 周游、魏开、周剑云等："我国乡村规划编制体系研究综述"，《南方建筑》，2014年第2期。

以道兴村，复兴南粤文明

——《广东省南粤古驿道线路保护与利用总体规划》简介及乡村实践案例

唐曦文 梅 欣 叶 青 苗 璐

摘 要 为落实习近平总书记关于"留住历史根脉，传承中华文明"的重要指示，展现岭南地域文化特色，促进县域经济健康发展，助力沿线精准扶贫脱贫和改善农村人居环境，广东省住房和城乡建设厅牵头组织编制实施《广东省南粤古驿道线路保护与利用总体规划》，基于大量史料研究和实地勘察，针对南粤古驿道沿线乡村地区发展特点，通过体育赛事触发、产业转型升级、文化品牌建立、政策叠加引导、公益活动助力等多种方式，进行乡村振兴实践，探索具有广东特点的乡村振兴之路。本文重点阐述《广东省南粤古驿道线路保护与利用总体规划》针对南粤古驿道沿线乡村规划的主要内容，并结合案例探讨规划实施过程中南粤古驿道的保护与利用。

关键词 南粤古驿道；总体规划；乡村规划；乡村振兴；乡村建设；实践

广东省南粤古驿道是古代广东境内用于传递文书、运输物资、人员往来的通路，包括水路和陆路，官道和民间古道。它们是历史上岭南地区对外经济往来、文化交流的通道，是军事之路、商旅之路，也是民族迁徙、融合之路，更是广东历史发展的重要缩影和文化脉络的延续。

为贯彻2016年中央、国务院发布的《"健康中国2030"规划纲要》和广东省政府2016年政府工作报告提出的"修复南粤古驿道，提升绿道网管理和利用水平"要求，根据广东省委、省政府工作部署，由广东省住房和城乡建设厅牵头组织编制了《广东省南粤古驿道线路保护与利用总体规划》（以下简称《规划》），对南粤古驿道线路的发展目标、空间结构、线网布局、设施配套、功能引导、实施机制等方面做出了规划安排。本文就《规划》的主要内容作简要介绍，并结合《规划》近年在乡村振兴领域的实践，探索"驿道+"的主要模式，以道兴村，以南粤古驿道为触媒，驱动乡村转型发展，复兴南粤文明。

作者简介

唐曦文，深圳市城市空间规划建筑设计有限公司常务副院长，中国城市规划学会乡村规划与建设学术委员会委员；
梅欣，深圳市城市空间规划建筑设计有限公司副院长；
叶青，深圳市城市空间规划建筑设计有限公司所长，高级规划师；
苗璐，深圳市城市空间规划建筑设计有限公司，高级规划师。

1 意义与目标

1.1 项目意义

南粤古驿道历史悠久、文化深厚、资源丰富，是广东省历史文化的重要组成部分。广东迄今发现的古驿道本体遗址 201 处，为不同时期岭南地区对外联系的通道。以古驿道为纽带，整合串联沿线历史文化和自然资源，将古驿道的保护利用与旅游、文化、体育、休闲、农业和扶贫等工作相结合，让陈列在南粤大地上的遗产活起来，在提升广东历史文化遗产在"一带一路"的影响力、展示岭南地域文化特色、促进县域经济健康发展、实现"精准扶贫"和改善农村人居环境等方面，具有深远的历史意义和重要的现实意义，也是落实习近平总书记关于"留住历史根脉，传承中华文明"重要指示的具体举措。

1.2 发展目标

积极响应国家"一带一路"倡议和广东省"文化强省"战略，以古驿道线性历史遗产空间为载体，探索其保护和活化利用方式，弘扬岭南优秀文化，为公众创造满足现代生活需求的线性文化空间，为欠发达的小城镇和乡村地区发展注入新动能，促进古驿道沿线社会、经济发展，实现驿道文化复兴。

（1）展现岭南历史文化和地域风貌的华夏文明传承之路。系统整理和挖掘具有广东传统文化内涵与地理风貌特征的驿道文化，古为今用，推陈出新，让陈列在南粤大地上的遗产活起来，成为广东省响亮的文化品牌。

（2）推动广东户外体育、乡村旅游发展的健康之路。响应国家全民健身计划，利用南粤古驿道线路及其沿线节点，开展形式多样的户外运动，满足全省人民日益增长的生活休闲需求，带动沿线户外运动产业的发展。

（3）促进粤东西北城乡经济互动发展、实现精准扶贫的经济之路。结合国家建设特色小镇、美丽乡村、精准扶贫等政策契机，推动古驿道线路沿线特色镇村和扶贫村的建设，促进粤东西北贫困地区和全省区域经济均衡发展。

2 概念界定和历史沿革

古驿道：是中国古代国家为政治、军事、财政需要，从中央向各地传递谕令、公文、官员往来、运输物资而开辟的道路，并在沿途设有驿站，配备驿卒、驿马、驿船等设施，提供易换马匹、暂住服务的地方。

古驿道线路：是以古驿道为载体，集合沿途城镇、村寨、古建筑、闸门、驿站、码头、桥梁、驿道等文化元素在内的一种线形文化景观。

南粤古驿道线路：是指以广东省古驿道历史文化遗产（物质和非物质文化遗产）的保护和利用为核心，通过古道、步道、绿道、风景道、水道等多元的线性载体，串联沿线的古驿道遗存、历史文化城镇村、文物古迹以及自然景观资源等节点，挖掘和展示非物质文化遗产，为公众创造满足现代生活需求的线性文化空间。

南粤古驿道主要线路历史沿革如表1所示。

表1 广东省南粤古驿道主要线路历史沿革

朝代	年份	历史事件	古驿道线路	方向
秦汉	公元前219年	秦帅蔚屠睢初征岭南，派军自沅江挥师南下，沿潇水、贺江修了一条水路相接古便道	潇贺古道	湖南永州
	公元前214年	秦始皇灵渠凿成通航，沟通湘江、漓江，往南到达西江，使得士兵和粮草运输更为便利，迅速统一岭南	漓江—西江古驿道	
	公元前214年至汉代	秦始皇派遣都尉任嚣、赵佗，率秦军从五岭第二次攻打岭南，统治岭南后逐步修筑该方向的古道，便于军事统治和南北来往	顺头岭秦汉古道 城口湘粤古道 宜乐古道 茶亭古道 阳山秤架古道	湖南郴州
	西汉	政府开通西安向岭南沿海港口的通道，沿西江、北流江、南流江到达合浦港，再往东连接高州、雷州，到达徐闻港，是中国最早的海上丝绸之路的重要线路及始发港	西江古驿道 高雷古道	广西梧州、合浦
	东汉建武二年（公元26年）	由桂阳太守卫飒倡导修筑，成为粤北承接中原文化的重要通道	西京古道（东线）	湖南郴州
三国、晋	三国	三国时期，孙权定都南京，中原地区战乱不断，因而开道从长江入赣江直达桃江渡口九渡，然后肩挑货物沿乌迳古道至新田村，后下昌水、浈江、北江，到达广州，沟通江南和岭南两地	乌迳古道	江西信丰
	西晋末年	由于"水运"发达而成为闽粤赣边交通枢纽，是中原人向南迁到程乡、潮汕等地的必经之路	松溪古道	江西赣州、福建上杭

续表

朝代	年份	历史事件	古驿道线路	方向
唐	公元716年	唐玄宗下召宰相张九龄负责扩展梅岭古道，成为南北往来的公文传递、官车、商贾以及海外贡使进京的要道	梅关古道	江西赣州
唐	贞观至开元	拓展疆土，发展商业，加强与粤东、赣闽联系	潮惠上路	江西赣州、福建汀州
宋	南宋绍兴二十九年（公元1159年）	参知政事林安宅主持了对下路的大规模修整，绍兴年间，转运使黄㧾又兴建了多座庵驿，"自是潮惠之间，庵驿相望"。潮惠下路便取代上路地位成为东路主驿道	潮惠下路	福建福州
元	成宗元贞元年前（公元1259年前）	为支持当时对占城、交趾的战争，保证能迅速掌握军情，开辟了自钦廉雷到广州的交通捷径	肇高雷廉（琼）路	广西廉州、海南
元	成宗元贞元年前（公元1259年前）	元初开辟潮州，经福建汀州、邵武，江西建昌，抵江西行省省会隆兴（今南昌）	韩江—汀江古驿道	福建汀州
明清	万历初年（公元1572年）	明朝万历初年明政府在平定了粤西地区的动乱之后，沿两广交界山区广东一侧，开辟了自南江口至高州的新驿道	南江—高州古驿道	广西廉州、海南

注：古驿道线路为广东主要对外联系线路，线路朝代划分是按照其作为主要官路使用的时期确定。

3 主要内容

3.1 空间结构

基于广东省古驿道线路的历史研究和现状调研，综合考虑历史人文、自然生态、交通组织、城镇发展和精准扶贫等要素，形成以广州为中心，向东、西、南、北四个方向延伸的南粤古驿道线网。

全省古驿道典型线路共六条，包括粤北秦汉古驿道线路、北江—珠江口古驿道线路、东江—韩江古驿道线路、潮惠古驿道线路、西江古驿道线路、肇雷古驿道线路等。同时，结合广东作为海上丝绸之路起源地的历史文化特征，重点推动四个海上丝绸之路重要出海口纪念地，包括广州黄埔古港、汕头樟林古港、台山海口埠和徐闻海丝始发港（表2）。

表 2　南粤古驿道线路

线路名称	资源特征	文化内涵	发展主题及方向
粤北秦汉古驿道线路	·驿道历史最悠久，保存完整的古驿道段落众多； ·山地险峻，地理风貌优美； ·少数民族聚集地； ·古村、古道、古关、古洞、古陂（水利设施）众多	科考文化、古代军事文化、宦游文化、邮驿文化、瑶族文化	秦汉南拓之路
北江—珠江口古驿道线路	·水陆联运的古驿道线路； ·丹霞地貌； ·古村、古码头、古墟市数量众多	外销瓷商贸文化、中原南迁文化、西学东渐文化、姓氏文化	古瓷贸易之路 中原南迁之路
东江—韩江古驿道线路	·现存古港口、庙宇数量众多； ·非物质文化遗产数量多	客家文化、侨乡文化、潮汕文化、海洋商贸文化、宗教文化	客家迁徙之路 潮客贸易之路 粤闽赣盐运之路
潮惠古驿道线路	·现存海防卫所众多； ·滨海资源丰富，景观优美； ·古庵、古庙等资源众多	侨批文化、海洋商贸文化、海防文化、宗教文化	海防文化之路
西江古驿道线路	·森林公园、风景名胜区等众多，风景秀丽； ·古城、古村、历史遗迹众多	广府文化、端砚文化、西江海丝商贸文化、古人类文化、石刻文化	广府发源之路
肇雷古驿道线路	·中国大陆最南端半岛； ·古海港等历史遗迹丰富	海洋贸易文化、雷州原生文化、农业文化、仕人客居文化	海丝起源之路

依据广东省南粤古驿道线路空间结构，形成全省"主线 + 支线 + 发展节点"古驿道线路系统。六条南粤古驿道线路包含 14 条主线、56 条支线，贯穿全省 21 个地级市、103 个区县，串联 1 180 个人文及自然发展节点，全长约 11 230 千米，其中陆路古驿道线路长约 6 900 千米、水路古驿道线路长约 4 330 千米。

3.2　设施系统规划

（1）服务设施系统

古驿道服务设施系统主要包括区域服务中心、驿站。服务设施的布局尽可能依托沿线镇村，结合古村落的重要历史建筑或闲置历史建筑等，通过设置服务驿站，融入新功能，促进古建筑的活化利用。

（2）标识系统规划

结合古驿道线路、沿线发展节点、服务设施、交通节点、连接线等对象进行设置。标识系统的设计与建设按照《古驿道标识系统研究》（由广东省住建厅另行制定颁布）执行，统一采用"南粤古驿道"标志。标识的文字、图案、规格和色彩为强制性内容，标识的材质、内容设置等可结合实际自行确定。

（3）交通衔接系统规划

交通衔接系统包括古驿道与区域交通系统、城市交通系统和绿道系统的衔接。通过建设交通连接线、设置交通换乘点、完善停车设施配套、加强古驿道与绿道的融合等措施，提高古驿道的可达性。

3.3 古驿道特色镇村发展规划

（1）古驿道文化特色乡镇

结合南粤古驿道线路沿线的历史文化名镇、古镇及部分古驿道历史节点，建设248个南粤古驿道文化特色乡镇。通过挖掘、保护与活化利用古驿道文化资源，带动文化、旅游、体育、教育等产业发展，激活沿线古驿道特色乡镇的产业活力，促进小镇的经济发展。

（2）古驿道文化特色村落

以古驿道线路为载体，串联沿线416个古驿道文化特色村落，结合广东省绿道建设、新农村连片示范建设和农村人居环境综合整治等工程，形成以线串点的古驿道文化乡村带。

3.4 古驿道精准扶贫规划

通过对现存古驿道的摸底调查，全省古驿道遗存大部分集中在经济发展较为落后的粤东西北地区。因此，借助古驿道沿线的产业发展，带动沿线贫困村的发展，是古驿道线路的一项重要职能。

经调查，古驿道线路两侧各5千米范围覆盖的贫困村数量约为1 310个，约占全省2 277个贫困村总数的58%。根据古驿道线路沿线贫困村自身及周边资源特点、县域产业发展思路与扶贫计划、古驿道沿线功能需求，按照扶贫措施划分为旅游观光型、农林发展型、城郊服务型和生态改善型四类扶贫村，通过古驿道沿线开发，带动其发展。

4 古驿道沿线乡村实践案例

南粤古驿道沿线村落类型丰富、发展条件参差不齐，南粤古驿道的保护和利用应结合沿线村落的资源特征与发展情况，因地制宜，强化策略的针对性，提高乡村振兴的成功率。本文选取粤北的石塘村，粤西的兰寨村、山背村和珠三角的海口埠不同地域古驿道沿线的村落发展实例，管中窥豹，以期对类似地区的乡村振兴提供参考。

4.1 韶关仁化石塘村——体育赛事为触媒，激活自身优势资源

韶关市仁化县石塘村位于粤北重要古道城口湘粤古道重要的南延支线——仁乐古道段。此段古驿道穿越丹霞景区，沿线资源丰富。石塘村始建于明代洪武年间，是韶关市古建筑规模庞大且保存最为完好的古村落，2010年被评为"中国历史文化名村"，拥有"石塘月姐歌"和"石塘堆花米酒酿造技艺"两项省级非物质文化遗产。

2016年，南粤古驿道定向大赛首站赛事选址石塘村。石塘村以"古驿道+体育赛事+非遗产品"为转型发展路径，借力定期举办的体育赛事，挖掘和提炼十大"最"，"最大的村、最迷的巷、最古的塔、最大的寨、最多的井、最帅的才、最难的仗、最妙的酒、最美的歌、最好的人"，以此为推介，提升石塘古村的知名度和美誉度。

通过改造闲置传统民居为特色民宿，整治村容村貌，活化酿酒、地方曲艺等非物质文化遗产，沉寂已久的古村重新焕发生机。石塘堆花米酒等农特产品销量猛增，且供不应求，获得良好的经济效应。村民对古村文化的自豪感和对古建筑的保护意识得到极大提升，古村落的保护从被动转变为主动，实现了文化自信。南粤古驿道定向大赛，让沉寂在石塘村的历史资源实现华丽转身（图1、图2）。

图1　石塘米酒店　　　　　　　　图2　石塘村民宿

4.2 云浮兰寨村——品牌效应叠加，促进传统产业转型升级

云浮市郁南县兰寨村位于古代海上丝绸之路重要连接通道的南江古水道沿线，历史悠久，人文资源丰富，农耕文化传承不衰，素有崇文重教的优良传统，被誉为"中国最美休闲乡村"。

兰寨村采用"古驿道+文化创意产业+特色农业"的发展模式，以南江文化、农耕文化为主题，利用村内众多的文物古迹、古建筑，活化为文化馆和艺术馆，初步形成"状元路""状元牌坊""状元进士馆""十德文化馆""古代农耕典当与现代农村金融展示馆""兰花观赏园""非物质文化遗产馆"和农家"学生公寓"的文化艺术村（图3、图4）。

图3 干净整洁的村落环境

图4 云浮郁南南江古水道游学路线

兰寨村还将传统农业与旅游产业相结合，着力培育优质水果、优质稻种植、油菜花种植等特色农业，申报地理标志商标品牌，逐渐将村落转变为集观赏农业、体验农业为一体的综合性休闲农业区。目前，兰寨村初步形成漫步南江古水道，探秘"南江文化"，领略"南江风情"的特色旅游品牌，改善了村民的生活水平，促进了当地农村的增收。

4.3 台山海口埠——引入市场力量，探索古村活化新模式

江门台山市端芬镇海口埠位于台山出海口，始建于清朝咸丰三年（1853），是清末民初华侨出洋港口与民国时期的重要墟集，见证了当地商贸发展历史与老一代华侨漂洋过海的艰苦奋斗史，被誉为"华侨出国史的活标本"与"广府人出洋第一港"。

2017年，"海口埠—梅家大院"古驿道被列入南粤古驿道保护利用示范段之一。台山投资近3 000万元，以"修旧如故""整体保护"的理念，对古村落进行有机更新，包括修复古驿道、整饰旧街外立面、建设湿地栈道及附属基础设施，建设银信博物馆、银信纪念广场、湿地公园等在内的"广府人出洋第一港"主题公园项目（图5）等。同时，深入挖掘银信[①]文化，完成了1 071件银信资料的收集整理工作，举办银信文化主题展览，保护和传

图5 海口埠"广府人出洋第一港"主题公园

承源远流长的银信侨批文化。此外，以台山大米注册国家地理标志商标契机，组织策划当地农业特色产品的展销会，提高农产品知名度。

借助南粤古驿道平台，海口埠人居环境大大改善，乡村活力被激活，越来越多游客将海口埠列为旅游目的地，旅游产业发展迅速。海口埠有机更新项目获得2017年广东省宜居环境范例奖②。目前，海口埠、梅家大院以建设国家4A级旅游景区为目标，通过公开招标引入市场力量进行全面保护性开发，以"政府提供配套服务、企业提供资金与管理"的模式，将海口埠推进乡村振兴的新阶段。

4.4 信宜山背村——公益组织介入，助力优化乡村环境风貌

茂名信宜市镇隆镇山背村位于肇雷古驿道沿线，该村紧邻东江河，因古水道而兴，也因河道的航运功能丧失而逐渐衰弱，现为广东省定贫困村之一。该村既无保存完整的传统风貌，其他资源禀赋条件也一般，农村"空心化"严重。

山背村的实践案例，采用的是"古驿道+公益组织+文体活动"的模式。借助来自本省公益组织、社会团体和村民的多元参与力量，培育根植本地的公益力量，长期介入乡村的产业发展和建设当中，助力乡村振兴。

2018年，广东省"三师"（规划师、建筑师、工程师）专业志愿者委员会发起的"广东美丽宜居乡村行动"在茂名信宜山背村正式启动（图6）。持续开展的"广东美丽宜居乡村行动——农房改造示范项目""情系南粤古道乡村，体育名将支教下乡""万人徒步行""自行车骑行"等一系列公益文化活动，鼓励了社会公益组织、企业、规划师、建筑师、工程师、体育名人等多方力量参与其中。

通过组织培训当地工匠、志愿者，建立长效帮扶机制，将古驿道保护利用与美丽乡村建设相结合，促进村落基础设施建设、农村危房改造、农村垃圾污水治理、综合环境整治等工作，极大地带动当地文化、体育、旅游、乡村建设等工作融合发展。

图6 "三师"志愿者指导参与农房改造

5 结语

自《规划》实施以来，南粤古驿道的保护和利用工作始终与乡村振兴紧密联系在一起。结合近年的实践，广东省逐步探索出"政府政策叠加 + 社会共同参与 + 塑造文化品牌"多管齐下的主要模式，以南粤古驿道为触媒，开辟一条具有广东特色的乡村振兴之路。

在政策层面，广东省政府围绕《规划》的落地实施出台了一系列相关政策，整合建设、国土、环保、体育、旅游、文化、工商、农业等各部门的政策和资金，形成叠加效应，强化政策高度与执行力度，快速有效地推进南粤古驿道线路的保护和利用工作。

鼓励社会力量的共同参与，吸引一切可以吸引的力量，共同投入到南粤古驿道保护与利用中。目前众多社会公益组织、企业、大师群体、"三师"志愿者与乡贤积极参与其中，对省定贫困村进行结对帮扶，推动村庄文化的挖掘和规划建设。

强调南粤古驿道文化品牌的塑造。充分借鉴与利用南粤古驿道定向大赛的经验和模式，开发多元文化活动，包括南粤古驿道文化创意大赛、艺道游学、儿童画大赛、自行车大赛、铁人三项比赛等，以持续地文化产品输出，强化南粤古驿道品牌，为古驿道沿线村落的保护更新、产业转型、旅游开发、创收致富奠定坚实的基础。

由于目前南粤古驿道的活化利用仍处于初级阶段，其沿线乡村目前仍处于发展进程中而未完全实现转型，今后仍需对南粤古驿道沿线乡村的发展进行追踪研究，进一步完善南粤古驿道对沿线乡村发展的相关政策和举措。

注释

① 银信又称侨批，是中国海外华人华侨给国内侨眷的书信与汇款的合称。
② "广东省宜居环境范例奖"重点表彰在环境综合整治、生态保护与城市绿化建设等宜居环境建设方面的优秀项目。

参考文献

[1] 蔡良军："唐宋岭南联系内地交通线路的变迁与该地区经济重心的转移"，《中国社会经济史研究》，1992年第3期。
[2] 陈伟明："宋代岭南交通路线变化考略"，《学术研究》，1989年第3期。
[3] 邓飞龙："三国时期孙吴对岭南古道'湘桂走廊'的倚重——兼论大庾岭古道的开发"，《韶关学院学报·社会科学》，2015年第9期。
[4] 柯西钢："古代秦岭驿道及其南北沟通考——兼考关中方言对秦岭南麓区域的传播、渗透"，《社会科学家》，2010年第11期。
[5] 刘素霞："明清时期岭南北江流域交通变迁研究"（博士论文），暨南大学，2013年。

［6］颜广文："元代隆兴至潮州新驿道的开辟及对赣闽粤三省省界开发的影响",《中国边疆史地研究》,1998年第2期。
［7］杨正泰:《明代驿站考》,上海古籍出版社,2006年。
［8］虞坤:"元代广西对外交通研究"(博士论文),广西民族大学,2011年。

历史文化名村保护的规划方法研究[①]
——以查济村为例

胡力骏　陈　悦

摘　要　乡村遗产是一种活态遗产，也具有完整"生命体"的特征，历史文化名村的保护有别于历史文化街区、名镇的保护方法。本文以中国历史文化名村查济村为例，说明历史文化名村的保护、发展与管理必须基于乡土特征。在保护体系上，名村的人地关系紧密，保护范围、保护内容需特殊对待；在发展利用上，需要延续乡村的历史发展逻辑，延续村民的生活；在规划管理上，要根据基层管理特点，让村民理解规划并主动参与实施。

关键词　历史文化名村；乡村遗产；保护规划；查济

我国文化遗产保护制度的建立和完善过程经过了由文物到名城，由名城到名镇名村的过程，由于保护对象的内涵差异，保护规划方法需要根据遗产特点进行调整。目前，历史文化名村保护规划普遍存在直接搬套历史文化街区、名镇的做法，尽管体例合规，但规划要求却得不到实施，而依规实施又破坏了真实的乡村空间环境。历史文化名村的保护必须从乡村的特点出发。本文结合在安徽泾县查济历史文化名村的实际工作，研究建立适应乡村的保护规划方法。

1　乡村遗产的特点

位于安徽泾县西部的查济村，是中国历史文化名村，同时有100多幢建筑属于一处全国重点文物保护单位"查济古建筑群"。这100多幢建筑除了少量祠堂公建外，大部分是住宅，延续着村民的生活。因此，作为文物保护单位，查济古建筑群与作为纪念性建筑物的文物有很大不同，它具有活态遗产的基本特征。

区域的历史文化资源的形成具有"生命体"形式，聚落同样具有"生命体"的特点。

作者简介

胡力骏，上海同济城市规划设计研究院有限公司主任规划师；
陈悦，同济大学城市规划系博士研究生。

如果将建筑比作细胞组织、街巷水系比作经脉、人的生产和生活比作能量流动，城市就是一个"生命体"，历史文化街区则是其中的"器官"。街区的价值不但体现本身的特点，还会从城市的角度自上而下为其定位，稀缺的历史文化街区在延续生活功能的同时，往往还承担了公共服务的诉求，使其体现更大的文化和社会价值。

与同样属于活态遗产的城市中的历史文化街区相比，乡村遗产具有显著的差异。村落尽管规模小，但是却拥有完整的组织秩序。在传统社会里，村落在经济上能够自给自足，独立完成生产、加工、消费等活动，在社会组织上通过宗族体制或村规民约实现自治，从而体现出完整的"生命体"特点。因此，从延续生命体特征的角度来看，乡村遗产比历史文化街区更需要强调本土社区的动态使用和传承。

2　查济村的乡土特征

历史文化名村的保护必须基于村落的价值和乡土特征，而对乡村环境、生产生活的内在联系，是习惯于城镇工作的规划师易于忽视的内容。因此，对特征要素挖掘、记录以后，在村民的帮助下进行专业的分析非常必要，尤其要注重对地方乡土特征的把握，包括对农耕文化与农业景观特征、自然与人工环境的关系特征、聚落和建筑特征、传统习俗与文化特征四个领域进行分析。

2.1　农耕文化与农业景观特征

查济传统的耕作空间与自然环境息息相关。村落西高东低，三面环山，三条溪流自西向东经过村落汇成一脉。大部分农田布置在村落下游，此处为地形较平坦、易于耕作的坂田，田垄根据地形变化，形成优美的曲线。溪水经村落生活利用后再灌溉这些农田，充分利用了水资源的同时，也体现查济先民对生产空间的选择智慧。村落农业景观的形成与其传统耕作方式直接形成关联。

2.2　自然与人工环境的关系特征

不同的地理环境和产业造就不同的村落发展逻辑，进而形成不同的形态特征。查济靠山傍水，顺应自然山水格局，是中国古代"天人合一"思想观念的集中体现。村落主体沿中间较大的许溪连绵发展，两侧山体限定了村落的边界；部分村落组团零散分布于其他溪边。

尽管村落的建设发展边界止于三溪汇合之处，但在村民的心目中，查济有个"四门三塔"的大范围领域边界，这个领域不同于村落的权属或行政边界，而是村民对村落的心理认知。为了强化"四门三塔"的领域观,先民在一些关键位置建设了三座塔,成为村外的标志景观。而"四门"除了人工兴建外,也利用自然地形,命名了一些心理上的"门"。

2.3 聚落和建筑特征

查济具有以祠堂为中心的组团布局特征。查济属泾县震山乡九都一图,图下共十甲,内五甲为查氏,且按支系划分有清晰的归属。"甲"是一级管理单元,每个甲都有甲务管理人;"甲"同样也是一个居住组团,甲与甲之间虽然偶有交叉,但大体上仍然界线明确,各甲分别建立祠堂。"甲"之下查济又按古制以二十五家为一"里",同样也是与家族谱系相联系。由于查济有着非常强的宗族观念,因此每个"里"都建有纪念其一世祖的祠堂厅屋,位置往往居于整个"里"的中心。随着宗族体系的瓦解,"甲里"的概念也逐渐淡化,但是即便如此,查济的聚落空间仍然呈现明显的组团式结构(图1)。村落组团与组团之间有所隔断,而组团之间则是渗入的农业空间。

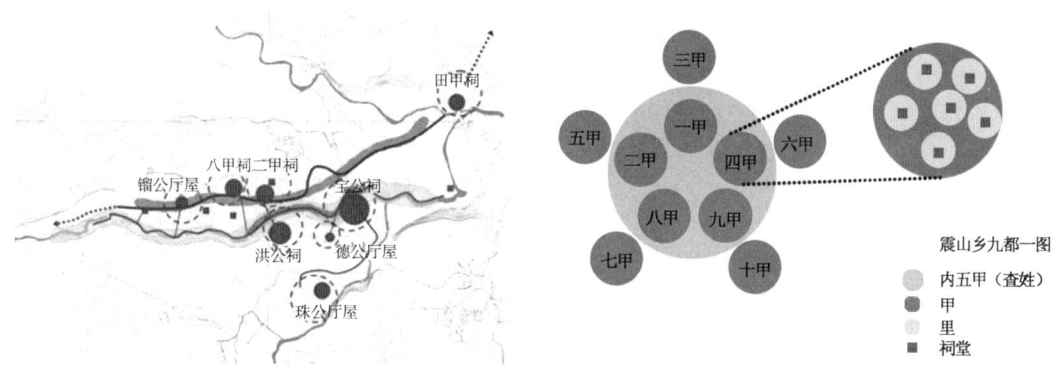

图1 查济村的组团式结构

查济还具有"田舍交融"的建筑空间特征。在村中房前屋后存在数量众多的农作空间。这些空间类型丰富,包括菜园地、耕地、林地等多种形态,与古村落的建成环境相结合,充分体现了中国的农耕经济、田园生活和传统家族聚居发展的特点,也反映出乡村遗产具有更强的整体性。

2.4 传统习俗与文化特征

查济具有传统村落的典型文化特征。在精神领域方面,传统的耕读文化和宗族传统对村民仍有一定的影响力;在传统生产方面,板栗、绿茶等传统农产品和蒲扇等手工制品依然是查济延续的土特产品;在民间活动方面,龙灯会、木莲戏等传统节庆活动在村民中依然有很强的生命力(图2)。

图 2　查济村的传统习俗

3　适应乡村遗产的保护体系

通过对乡土环境特征和历史文化价值的分析，查济在众多皖南古村落中的独特价值也更为明显。因此，针对查济历史文化名村的保护方法，无论在保护范围划定，还是保护内容、保护要求上，必然需要有针对性的措施。

3.1　历史文化名村的保护范围划定

不同于历史文化街区和名镇，历史文化名村不但与周边环境的关系非常密切，而且某些生产空间、背景环境本身就是村落核心价值的一部分。因此，名村的保护范围不应仅局限于古村落本身。就查济村而言，应当将村落本体和作为村落灵魂的溪流空间纳入核心保护范围；将整个溪谷直至风水门、钟秀门的外围空间作为建设控制地带，在各级保护区划内根据位置和空间对象的差异，采取分类分区的空间管制和高度控制，既保证空间格局的完整，也让村落的各个组成部分延续和强化景观及风貌特征。

"四门三塔"是村民习惯的传统领域范围，在这一范围内目前保留有良好的自然生态环境。尽管部分村民希望复建已经消失的村门、风水塔，但由于目前这些位置并没有实际的利用价值，而且历史资料不齐全，构筑物的原貌和具体位置不清楚，因此没有恢复的必要。但是"四门三塔"之内区域的保护对村落背景保持非常关键，同时还有一些远眺古村的空间视廊。最终结合村民意愿，将这一区域作为名村的环境协调区，以从更大的尺度对名村进行整体保护。

3.2 历史文化名村的保护内容

历史文化名村的保护对象除了文物保护单位、历史建筑、历史街巷、牌坊、古井、石阶、围墙和洗涤池等与街区、名镇相似的历史要素外，还需要保护特色的乡土空间。

皖南村落建设有许多风水考量，查济村的空间意向具有"青龙凝瑞，彩凤朝阳"的特征。两侧山体为龙，呼应村头一小高地——独山墩，形成"双龙戏珠"的形势，三条溪水经过村落汇聚成一条水脉向东流出山谷，形如凤凰。在保护山水格局的同时，保护规划要求清除占压独山墩的建筑物，恢复历史空间意向的同时，也降低村口的建设强度，为村民活动和旅游发展留出一定空间。

农村生产空间的保护也应当加强。查济村的规划特别将农耕空间纳入保护内容：在保护范围的分区划定中，特别确定了需要保持农业耕作的区域作为禁止建设区，以保护村落南北两侧外围楔形田园空间，形成村、田交融的特色布局；村落内部散布在建筑、溪流之间的菜园地、林地、草场等小型农作空间，则直接作为保护要素定位定性，体现浓郁的田园特色及当前的生产生活关系（图3）。

图3　需要保护的农村生产空间

乡村的物质遗产与非物质遗产关联较强，可将保护非物质文化遗产作为文化建设的重要组成部分，通过维护、传承文化传统来丰富文化生活，提升村民素质，拓展就业机会，保护浓郁的乡愁。

4　延续乡村特征的发展利用

历史文化名村的发展应当从价值和特征角度出发，在对自然和文化资源的利用过程中，保持和强化自身特色。根据查济村的历史和现状条件，保护规划明确了查济的发展定位是一个综合性乡村聚落，以村民居住、生活服务为主要功能，兼具文化展示、休闲观光、旅游服务等功能。

村民的生活延续、安居乐业是查济作为一个活态遗产保护与发展的底线，可利用祠堂等公共建筑建立文化展示和社区活动场所，并结合非物质遗产发展体验性商业活动，增加村落活力。同时也要考虑遗产保护带来的建设限制对村民的影响，需要为合理和规模拓展留有余地。在旅游的发展中，应当建立以村民为主的服务方式，鼓励居民整修住房，发展特色民宿，增加旅游收入。

查济村有近2 000人生活居住，旅游人口逐年增加。旅游业的发展可以带动地方就业和经济发展。但大量游客的涌入，无论对环境承载力的冲击，还是对当地社会文化的冲击，都不容小觑。为保护当地自然、社会和文化生态，不能放任"量"的增长，而要努力提高品质。皖南古村落的观光旅游已经造成村落间发展的极大不平衡，少数村落人满为患，以至于对文化遗产造成威胁，而大量村落拥有类似品质的资源，吸引力却不足。查济应当学习欧洲乡村旅游的先进经验，走高品质的乡村休闲旅游，保持田园特色，发挥乡村适居性的特点，倡导慢节奏生活和体验式旅游。同时，传承农耕文化，使旅游发展和居民生活和谐相融，实现保护与发展之间的平衡。

在空间布局上，村落围绕三条溪流形成三片各具特色的区域，中间主要溪流两侧的村落主体部分强化历史和民俗特点；北侧溪流保持两岸开敞空间特色，体现田园风光；南侧溪流组织三个小型聚居组团，展现农家生活。通过延续历史上家族聚居，组团布局，组团间空间相对独立的特点，形成"一轴三片，组团布局，农田楔入"的整体空间结构（图4）。

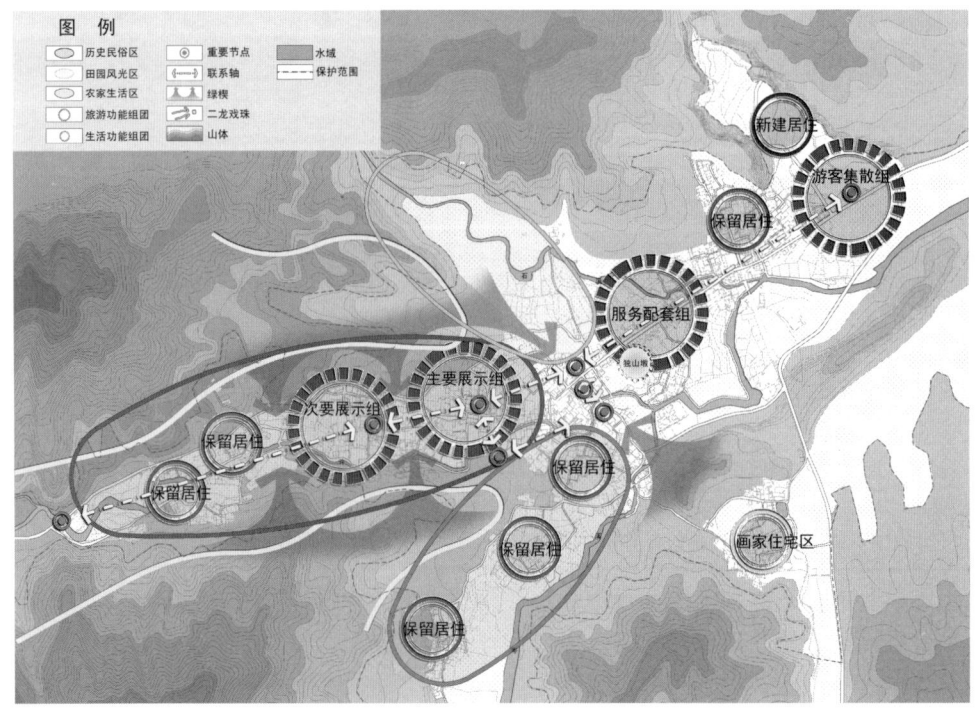

图4 查济规划结构

村民新建房屋的区域延续传统的组团特点，跳出古村在外侧发展。而对查济的文化宣传有积极意义，但又有个性诉求的画家住宅区则布置在一个相对独立的组团，避免干扰整体环境，又可以形成一片具有个性的场所。通过合理的新村发展用地选择，引导村落可持续发展。

5 结合乡土特点的规划管理

乡村的规划管理与城镇不同，对于历史文化名村，上级人民政府往往还有发展旅游、宣传文化等诉求，自上而下的干预比一般乡村更多，如果没有厘清各主体在规划管理中的责权，会造成各种推诿和漏洞。查济村的直接管理主体包括上级镇政府和县立的景区管委会，规划梳理了现有的管理体系，明确县、镇、村和景区管委会的管理范围与职能，落实文化遗产、旅游发展等各层面的管理内容。

农村土地性质和基层管理能力的特点决定了规划需要得到村民的充分认可，才能有效实施，整个规划过程村民的参与具有明显的正向作用。在规划全过程，通过充分发挥村民委员会的作用，组织村民共同参与，协调名村的保护与发展问题。在调研阶段，与村民一起确定保护对象；在规划编制阶段，与村民一起研究保护范围和保护要求的制定；在实施阶段，与村民讨论后将重要规划内容纳入村规民约。

作为活态遗产，村民住宅无论何种保护等级，都需要必要的修缮和适应性改造。为了指导村民在改善居住条件的同时保护好建筑遗产，规划还特别编制了非常直观易懂的建筑修缮与设计导则。导则立足农村土地大部分集体所有而基层管理力度有限的现实，通过对建筑的"指导性建议"和"强制性规定"，对村民自改自建行为进行约束和指导。内容包括三方面：一是可以做的规定，如修缮工程实施、建筑屋面翻修、立面整饬等；二是不可以做的规定，如禁止砍伐、改变建筑外观、占用需要保护的菜园地等；三是建造方式的规定，如材料、技术、色彩、空间、店面的处理方式等。

6 结语

历史文化名村具有活态的、完整的生命体特征。保护历史文化名村要避免偏重聚落、建筑等物质实体的传统做法，应当从文化景观的角度，关注聚落所依托的自然环境、农业空间以及与物质空间密切相关的文化生活，从而更加完整地认识乡村遗产，确定合理的保护区划和保护对象。作为活着的遗产，历史文化名村在发展过程中应当延续传统的空间意向和格局特点，遗产展示利用中充分依托传统文化要素，彰显乡村的独特。

历史文化名村作为一种活态遗产，村民的生产、生活是它的基底，旅游发展应当扎根于这一基础。强势的产业植入、"只重创收、迎合游客"的旅游发展模式有可能造就一个成功的景点，但必然会灭失乡村的人地关系，逐渐沦为一个表演性质的场所，从而丧失其活态遗产的特性。旅游发展的同时，保护自然、社会和文化生态应当是历史文化名村坚持的可持续的发展路径。

历史文化名村管理有自己的特点，规划内容应当建立在翔实的现状调查基础上，与乡村实际结合紧密；规划管理应充分考虑乡村特点，成果简洁明了，通俗易懂，便于乡村管理。对于正在拓展旅游产业的名村，更需要从乡村的办事逻辑出发，利用乡村基层组织和村规民约引导村民合理地参与旅游发展，从而使规划意图具有更强的操作性。

注释

① 上海同济城市规划设计研究院科研项目"历史文化名村保护规划实施评估及改善策略"，项目编号：KY-2016-YB-05。

参考文献

[1] 陈悦："历史文化名村保护规划实施评估——以宁波为例"，《2017中国城市规划年会论文集》，中国建筑工业出版社，2017年。
[2] 上海同济城市规划设计研究院：《中国历史文化名村查济保护规划》，2013年。
[3] 邵甬、胡力骏、赵洁："区域视角下历史文化资源整体保护与利用研究——以皖南地区为例"，《城市规划学刊》，2016年第3期。
[4] 赵晓梅："活态遗产理论与保护方法评析"，《中国文化遗产》，2016年第3期。

传统村落保护规划刍议

孙 华

摘 要 传统乡村是中国文化遗产的重要组成部分，其价值已经引起了学术界和国家有关部门的重视，包括城市和区域规划、历史建筑和乡土建筑设计的专家已经投入到这些传统乡村的保护规划与建筑设计的工作中。传统乡村属于文化遗产的文化景观类型，这类遗产本身是包含人、人们行为过程、人们行为的社会机制以及人们行为的产物在内的不断变化的特殊的遗产，也是不同于城镇文化景观的乡村文化景观。规划者和设计者需要认识传统村落的性质、特点与类型，了解传统村落存在的深层与表层问题，规划内容不仅应该包括村落建筑的维护和改造、村落聚落格局的保持和优化，还应该包括乡村田地和山川的保护与利用、新的产业和经济增长点的培植、乡村传统社区与现代社区再造、非物质文化事项的传承等。本文以侗族村寨为例，说明了传统村落的要素层级、类型特点以及保护与发展需要关注的问题。

关键词 乡村；传统村落；遗产保护；保护规划；侗族村寨

传统村落是一种文化遗产的类型——乡村文化景观。文化景观是介于物质与非物质文化遗产之间的复合文化遗产，是非物质文化遗产集聚的文化空间。既然如此，文化有表层、中层和深层的问题。表层的文化形态是可视的有形物质表象，如村落的建筑形态、村民的发式服饰等；中层的文化结构是产生表层文化形态的行为，如村民的组织形式、生产活动、行为方式等；深层的文化内涵是形成中层文化结构的社会机制，如传统乡村的社区及其机能、世代相传的乡规民约、农业社会的生存智慧等。中国传统村落目前存在的保护与传承，最成问题的是文化的中层和深层问题，正是这些问题导致了众多的传统村落保护与发展到表层问题，如不少学者所提到的传统村落严重的空心化、老龄化等问题。这些问题，无论在东部沿海经济发达地区、中部经济较为发达的地区，还是在西部经济欠发达地区，它们的问题实质都相同，表现形式也近似，如果要保护中国的传统村落，传承这些村落中蕴含的传统文化，首先需要保护传统文化赖以生存的土壤，保证文化的多样性、地域性和族群性。近年来，随着国家传统村落保护行动的开展，中国文化遗产保护又奉行"规划先行"

作者简介

孙华，北京大学文化遗产保护研究中心主任，中国城市规划学会乡村规划与建设学术委员会顾问。

的方针，不少城市与区域的规划设计机构或规划学家，在没有充分了解乡村历史、现状和价值的情况下，在没有深刻认识村落的构成要素、要素功能、要素结构及其与整体关系的背景下，在没有考虑传统村落保护与发展关系并为发展方向做出预设的状况下，就仓促动手编写保护规划，这样编制出的传统村落保护与发展规划当然不具备可实施性。乡村文化景观是保护与发展冲突比较尖锐的复杂的文化遗产类型，其规划制定具有挑战性，需要在事前仔细研究。

1 传统村落的类型与结构

自从人类走出洞穴步入旷野以后，由于人类的社会化属性，在这些旷野之中就出现了大大小小不同的聚落。随着社会的发展，这些聚落逐渐凝聚和散布成中心都市、地方城镇和乡村等不同层级。就聚落形态来说，无论聚落规模有多大，都可以分为城镇和乡村两种类型，二者之间有本质的不同。乡村不同于城镇，这种不同不仅在于城镇规模大于村落，常住人口多于村落，行政级别高于乡村，还在于二者社会结构、经济形态和生活方式的不同。

人类社会聚落的演进，都曾经经历过或正在经历从农村到城市的社会复杂化过程，不过这种过程在不同的文化区域有所不同。旧大陆的西亚和欧洲，其城邦和都市的形成多与经济特别是商业有密切的关系。中国古代的工商业不发达，城镇和都市的建立更多的是国家为了有效行使行政权力所构建的政治网络节点。政治性的城镇主要是以公共权力机构为核心建立的，城镇的中心通常是各类衙署等行政建筑（包括监狱、仓库）。城镇的居民构成多样，既有拿国家俸禄的公职人员，也有工商业的从业人员，还有为居住在城内和在城镇间流动人员提供生活方便的服务人员，当然还有失去了土地从乡村进入城镇的无业人员等。为了满足居住在城镇中不同社群精神上的需要，寺观祠庙等宗教建筑就构成了中国历史城镇中仅次于行政建筑的另一类主要建筑。尽管中国古代城镇的工商业并不发达，但城镇的经济形态是以工业和商业为主，城镇人口的生活必需品都来自周围的乡村，工商业的行会会馆和服务业的建筑，构成了中国城镇中建筑的第三大类型。在上述三类建筑之外，才是散布在城镇中一家一户的住宅建筑（中国传统城镇图一般只绘前三类建筑，尤其是前两类建筑）。

与城镇不同，乡村尽管古代也曾有过基层行政单位的建设，但这些基层行政组织的作用发挥得并不理想，中古以后其地位逐渐下降。乡村的管理是以习惯和当地乡绅为主导，它的居民构成单一，以家庭和家族为单位的居民，其生活习惯、宗教信仰、礼仪习俗等基本相同，农业和家庭畜牧业是村民的基本经济形态。乡村拥有的不仅是村落建筑本身，还有这个村落赖以生存的田地、山林和湖沼。一个自然的村落就是依托这些自然资源形成的，由若干相同家庭组成的相对独立的社区，具有较强的自给自足性质，这种性质迄今也没有完全消失。2008年，中国南方部分地区遭遇严重雪灾，一些供电和交通中断的城镇，自来水供应、食品供应和燃料供应出现问题，居民生活陷入了恐慌；而在当地的乡村，村民生活却没有受到太大的影响。乡村与城镇间的差异通过这一突发的灾害，也可以清楚地表现出来。

乡村不同于城镇的最本质的特点在于它是传统农业社会的产物。乡村赖以存在的基础就是务农的乡民和他们耕耘的农田，没有农业就没有乡村。农业背景下的乡村，从古至今都是以一家一户的家庭为基础，以及在家庭的基础上发展起来的家族所组成的相对简单的社会。这种乡村社会的聚落结构，其内部结构和外部结构都与城镇不同。

在每个乡村内部，其聚落都是由至少一个公共建筑或公共空间联系若干相同的居住建筑所组成，聚落的扩大是相对简单的"重复"或"复制"。每个聚落外的田地与聚落之间的距离，必须保持在乡民农作所能够忍受的活动半径以内（其活动半径一般不会超过5千米），这在山区尤其如此。在这个活动半径以外，有时是另一聚落人们的活动半径的边缘，有时是聚落与聚落间共有资源缓冲空间。

在每一个乡村外部，也就是乡村各聚落之间的关系，尽管在历史上许多聚落之间存在着特定的血缘、亲缘、领属、兄弟关系，但从国家的制度层面而言，这些乡村聚落具有相对平等的法律地位，它们之间是一种平等关系的单层级联系。这与城镇与城镇之间、城镇与乡村之间的关系明显不同，后者有着明确的上下领属外部层级结构关系。

以上我们对城镇和乡村的解释，只是从聚落形态的角度所作的比较具象的说明，而不是全面的学术化阐释。我们说的城镇与乡村的差异，也主要基于中国城镇与农村的历史和现状。在西方发达国家，由于早已经历过工业化和城市化的过程，因此乡村与城镇没有明显区别尤其是乡村已经只有很少的区域还有农业，其乡村不像发展中国家那样典型。加上当代学术潮流已经不像以前那样注重基层社会，因此，乡村研究在西方也没有多少人愿意做了。中国向来是以乡村为主体的农业国家，尽管中国城市化进程非常迅猛，但还没有动摇中西部地区乡村或村落的基本社会功能和社会结构。换句话说，在这些地区，乡村还是乡村，城镇还是城镇，二者还是可以分辨得很清楚的。

在文化遗产诸类型中，乡村与城镇都属于文化景观，因而二者的保护规划自然也就具有很多相同或相近的特点，大量历史城镇的保护规划和实践经验可以作为编制乡村保护规划的参考。由于我国历史文化名城整体保护的很少，失败的教训远远多于成功的经验；虽然，国外有不少历史城市被很好地保护下来，但这些成功的案例又因为基本国情、法律体系、文化传统、价值观念与我国差异较大，难以直接套用。

在制定乡村遗产保护与发展规划之前，先要对这些地区的村落作全面的调查，基本全面地掌握现有村落的相关信息，才能进行一个民族或一个自然地理单元的各村落的价值比较，从中选出不同价值层面的村落，并将其列入不同保护层级，然后由此确定保护的范围和保护的重点。任何村落的存在都不是孤立的，要保护一个村落，不仅要保护其本体，还要保护它的村落体系。要避免只保护一个或几个村落，而强行中断周围其他村落的自然演进传统，使被保护的村落失去继续自然发展所需要的文化环境，成为一个文化的孤岛，成为一个纯粹为旅游服务的固化和异化的历史陈迹。

关于这一点，是在当前合村并寨，建设社会主义新农村的过程中，尤其要注意的问题。每个自然村落的形成总是有他的合理性，一个自然村落的形成及其规模，都与村落所处的自然条件和周边村落有密不可分的关系。要注意村落之间的历史联系，分析村落间的血缘和亲缘关系，如果用行政的手段去强行割裂这种联系，不符合建设和谐社会的方针。

就一个乡村的构成因素来说，它是一个文化的综合体，包括物质和非物质文化的部分，还包括文化要素与自然环境关系的部分。因此，保护乡村文化景观不仅要保护村落建筑，更要保护乡村中所蕴含的文化，不断延续这些村落的文化主脉络，使之成为现代社会多元文化的组成部分。

2 传统村落保护存在的问题

我国的传统村落目前存在许多令人担心的问题，如空心化、城郊化、一体化等。对于乡村文化现状和问题的理解，笔者认为，中国传统村落存在的核心问题归纳起来主要有五个方面。

2.1 文化多样性土壤的丧失

中国传统乡村普遍失去了传统的自下而上的自组织能力，自上而下的全国统一的他组织行为代替了具有个性化的自组织行为，传统文化的多样性已经大大减少。

中国古代的乡村，尤其是宋代以来的中国传统乡村，主要是以家族血缘结成的聚落，宗族之长、退休乡宦和宗教人士在乡村的自我管理方面往往起着至关重要的作用。乡村的这种自我管理，久而久之逐渐加强了乡村的自组织能力，尽管有来自国家的自上而下的他组织的存在，这种他组织也是透过自组织在发挥作用。中国古代乡村的自组织能力往往是很有效率的，历史上的动乱时代，乡村往往能够兴办乡兵团练，结团以自保。有些地区，乡村还能够自行组织起多个村社的联防组织，以应对外来势力的骚扰和劫掠。清王朝灭亡以后，在外来因素的冲击下，国家政权不断向乡村下渗，原先的乡绅阶层发生剧烈分化和变异。尤其是20世纪50年代以后，中国乡村发生了翻天覆地的变化。变化之一就是传统的乡绅连同他们所在的有产阶级被打倒并消失，代之而起的是自上而下委派的乡村干部。这些乡村干部本身属于无产阶级的一员，只能从上级政府申请和筹集乡村建设资金，久而久之，乡村自身的公益设施建设都要国家政府下达资金、物质和指令，就成为一种习惯；而完全平均化的乡村村民，在相当长的时期内处于家无余财的贫困状态，没有财力来维护传统村落先前的公共建筑，也无余财来修缮自己通过土地改革所获得的住宅建筑，原先传统村落的公共设施和私家建筑都呈现年久失修、逐渐毁坏的状态。

2.2 村落内部凝聚力的下降

随着我国城镇化进程的加快，农村人口大量涌向各级城镇，原先的乡村政权对乡村的管控能力逐渐降低，导致传统村落内部凝聚力的下降甚至丧失。

自20世纪80年代以后，中国改革开放进程迅速推进，农村释放出的剩余劳动力开始大量向东南沿海、中心城市以及附近城镇转移。这些来自农村、在城市或工厂务工的"农民工"，具有强烈的亲缘和乡缘情感，先来到城市和工厂务工的农民将还在乡村中的亲戚朋友介绍到城市里或工厂中，久而久之，原先生机勃勃的乡村就逐渐退变为仅有老人和儿童的暮气沉沉的乡村。这些原先在乡村的农民，他们原本受农村村官的领导和管理，当他们转移到城市以后，他们有了新的领导者和管理者——企业雇主。他们从此有了来自城市和乡村的两组领导者和管理者，原先单一村官的权威被瓜分了。习惯于城市新的领导管理者的这些"农民工"回到家乡（如农忙期间、春节期间、节庆之间等），在他们心目中，家乡村官的领导权威性就不如城市雇主的权威性。改革开放以后，国家从推进乡村基层组织管理民主化，强化乡村社区自组织能力的良好愿望出发，逐渐推广了乡村村官由村民民主选举。然而，由于改革开放后村民逐步流向城市，乡村无人可以管理或疏于管理的问题愈加严重。尤其，在土地使用权已经固化、集体资产已经很少的现实情况下，乡村干部与村民的经济联系不断弱化，农村出现新的富有阶层或民主选举出的村官，其影响力和领导威望无法比肩过去乡村的乡绅、族长、寨老等。目前的乡村社区，人心多已涣散，社区仅存"躯壳"，寄希望全村村民在村干部领率下，有人出人，有钱出钱，自行保护自己的传统村落，在绝大多数地区已经是一种很难实现的奢望。

2.3 城乡差别的持续增大

中国传统乡村与城镇的生产关系发生逆转，新的城乡关系导致乡村的贫困化，城乡间的贫富差距增大。

在整个封建社会中，土地资源相对集中于少数富有人群之中，乡村内部存在严重的贫富差别。乡村富豪使用他们地租盈余积累财富，可以为他们在乡村和城市营建豪华住宅，也可以为同族乡党营建气派的祠堂、书院和庙宇。那时的中国，城市和乡村尽管并不富足，但城市和乡村（尤其是有豪族大姓的富裕乡村）的差距并不大。20世纪50年代初，全国开展土地改革，原先被集中在地主那里的土地，被强制平分给无地或少地的农民。由于中国人多地少，土地平分以后，每家每户也就一小块土地，仅能保障温饱，没有从事扩大再生产、提高生活品质和兴建大型公益事业的多余资产。原先由富裕乡绅捐资兴建和维护运转的学校书院、宗祠庙宇、住宅庭院、水井凉亭、道路桥梁等，因缺乏维修资金来源，逐渐破败坍塌。

这种弊端，又由于以下两个因素而更加严重。第一个因素是，我们在相当长一段时期内，强化了城镇与乡村的差别，农村户口的人们一旦因读书、招工、参军等因素获得了城市户口，就失去了再回到农村的可能性。他们退休后也不能在故乡买房建房、为乡村建设发挥作用，而是在城市买房安度晚年，将积累的财富和资源留在城市。这与过去乡绅阶层不少是从城市退休返乡、将在城市赚取的财富和资源带回乡村的情况截然相反。第二个因素是，在不断推行城镇化的今天，乡村的人们不再会被一亩三分地束缚，他们大多选择在城市务工，不少人将挣得的工资积攒起来在城镇买房，人才资源和资金资源不断被从乡村带到城市，而城市的人才资源和资金资源却很少能够流回农村。这些，都是造成城市与农村差距日益加大，农村日益贫困化和边缘化的原因。

2.4 农村土地权属的固化

农村土地的"两权分离"和"长久不变"，使得农村的土地权属已经固化，在传统村落开展基础设施建设、改善村民的居住建筑和人居环境都变得困难。

我国土地制度的发展经历了三个阶段，目前我们仍然处在第三个发展阶段中。该阶段开始于20世纪80年代初期，其基本特征是，农村继续保留土地的集体所有制，但将土地的使用权和收益权分给农民，实行"二权分立"。由于两权冲突等一系列原因，为了推进农村改革，稳定农民权益，国家在20世纪90年代中期以后，又推广了"增人不增地，减人不减地的"湄潭经验，使农民的土地使用权和收益权"长久不变"。这是对整个集体所有制的一个根本改革，使得集体经济组织成员从土地人人有份，转变为只有以前已经分得土地的人才有份，即使这个人已经不存在。因此，现在的农村已经部分陷入了新增农村人口无地可耕和无地建房的局面，在城市工作与居住的有土地和住宅的原有农村人口，却因种种原因只能让土地撂荒，让农村的住房空置。土地使用权"长久不变"以及逐渐强化使用权而弱化所有权，导致农村土地和宅基地的固化，使得农村土地流转极度困难。由于当前制度设计限制了农村土地的自由流转，原先村社的公有的土地又在先前分田分地的过程中几乎没有留存，村集体的管理者要将撂荒的土地、无人居住房屋的地块调整给需要种地和居住的人，或者国家要将某些闲置土地或宅基地收回作为改善村民生活品质的公共场所，也都非常困难。

2.5 传统村落日益城郊化

随着全球化和城乡一体化的推进，原先地区间、城乡间、乡村间因地理分隔导致的文化差异性迅速缩小，多样化的乡村正逐渐变得单调。

中国乡村曾经在相当长的一段时期内，主要交通道路只是将县级以上城市联系了起来，县城与乡村之间、村落与村落之间没有公路相通，交通相对闭塞。随着"乡乡通公路、村村通电讯"国家计划的实现，几乎所有村落都有了电灯照明、电话通信、电视接收甚至互联网络，村民们能够与城镇居民一样，同时看到和听到国内外新闻，知道经济发展走势，了解国家的方针政策。乡村正用一条条公路、一根根电线和一道道电波将其与城镇连接起来，将其与世界其他地方联系起来。城镇与乡村信息量不对等的局面已经在发生变化，即使最偏僻的西南民族村落，外来的观念、文化和设施都已经进入这些村民的头脑中、行为中和日常生活中。这种跨越自然区隔的道路建设和信息管道的建立，使得原先相对被"隔离"的乡村变得不那么封闭，乡村的生态环境发生了变化。这种变化也必然导致乡村的许多方面向城镇靠拢，从而使得多种多样的传统村落文化景观逐渐走向单一。

面对传统村落存在的这些问题，乡村规划者要参与传统村落保护，其困难是可想而知的。乡村规划者要了解乡村历史和现状，不能无视存在的这些问题。那种将一个保护传统村落、传承多元文化、促进乡村经济和社会发展的综合规划，降低和缩小为某传统村落建筑保护和环境整治的专项规划，是难以让人接受的。

3 传统村落的保护问题——以侗族村寨为例

要编制好传统村落保护规划，规划编制单位和规划学者需在深入认识这些传统村落的前提下，在现有国家土地制度和农村制度的框架内，寻求多样化的土地和宅基地权益的解决方案，找到适合于被规划村寨资源条件的经济和社会发展方向，构建能够真正带领村民走上保护和发展相结合道路的组织架构。在此基础上，思考传统村落的村落布局、历史建筑、基本农地和山林草场的保护，以及民居宜居性的改造、整体风貌的保持和传统文化的传承，编制的保护与发展规划才能符合传统村落的实际并为村民所接受，也才能够真正在规划的指导下扎扎实实地推动传统村落的保护行动。

下文以侗族村寨为例，说明传统村落保护规划应该注意的问题。

侗族是中国西南地区的一个有着300万人口的少数民族，他们主要分布于贵州省东南部、湖南省西南部和广西北部。由于时代的变迁和交通的发展，多数地区侗族的文化特征已不甚显著，现仅有以贵州黎平县为中心的包括从江县、榕江县以及广西三江县、湖南通道县等在内的一小块区域，其侗族乡村完整保留着侗族的聚落形态、建筑风貌、生产方式、生活方式和文化事项。现在，已经有多个侗族村寨的历史建筑被列为全国重点和省（自治区）文物保护单位，有25处侗族村寨被列入2012年中国世界文化遗产预备名单，至于被列入国家传统村落名录的侗族村寨，数量就更多了。现在，不少的侗族村寨也正在编制保护规划，规划者当然需要认识侗族村寨的性质与特点，以免出现误解。

3.1 侗族村寨的要素分级

在中国众多的传统村落中，侗族村寨的特点是比较分明的一类。许多侗族村寨都有高耸的鼓楼和跨河的风雨桥等公共建筑，十分引人注目。不过，侗族村寨的这些建筑要素，其重要性或代表性是不一样的，可以划分为三个层级。

（1）侗寨第一层级要素

萨坛。侗族村寨尽管姓氏不同，但他们都崇奉共同的女祖先，立村建寨之前都会在村中修筑祭祀女祖先"萨岁"的萨坛，故许多侗寨迄今仍然保留着萨坛这种纪念建筑物。萨坛是在地下挖一个圆形坑，周边垒砌石块形成圆筒，内置具有象征意义的物品，中间填以泥土，只有少部分露于地表，外形好似坟丘。有的周边还有其他附属建筑物。

鼓楼。村寨中最显著的公共建筑是高耸的多层鼓楼，它是侗族村寨的标志。鼓楼一般建在寨子中心的平坦地带或高亢之处。鼓楼有方形和多角形，古老的中心独柱类型和流行的排列柱网类型。鼓楼前都筑有鼓楼坪，是全寨村民议事、节庆的场所，侗族人的芦笙歌舞、男女青年谈情说爱也在这里进行。

高耸的鼓楼和低矮的萨坛是侗族村寨最重要的基本要素，为侗族村落第一层级元素。

（2）侗寨第二层级要素

风雨桥。贵州黔东南地区有"汉族住坝头，侗族住水头，苗族住山头"之说。由于侗族村寨多位于江河溪流边，除了大江大河侧畔的村寨不便修桥，以及部分位于山坡上的侗寨无须建桥外，其余侗寨一般都在村边河流上修建木构风雨桥以便交通。这些桥梁有风雨桥、花桥、福桥等多种名称，或多跨或单跨，或伸臂或悬臂，桥面上架构木框架瓦顶的廊屋，有的还在桥两头或桥墩的位置修建亭阁。风雨桥不仅是侗寨的交通设施，也是村民乘凉休憩和社交的场所。

飞山庙。侗族崇拜自己历史上的英雄杨再思，各地侗族聚居区多建有祭祀杨再思的飞山庙。飞山庙尽管是侗族独有的神祠，但多分布在侗族早先活动中心区域的乡村，也就是湖南西南部以靖州为中心的区域，越往西北飞山庙越少见，贵州黔东南地区不少村寨已经没有飞山庙。飞山庙不是侗族村寨必有的元素。

由于风雨桥和飞山庙不是绝大多数侗族村寨必有的建筑，它们只是侗族乡村第二层级的重要元素。

（3）侗寨第三层级要素

除此以外，侗族的住宅、谷仓、禾晾、寨门、水井、土地庙等，也有一定的区域特色；但这些村寨元素与邻近的苗族等村寨的同类元素相比，特色不够鲜明。这些构成了侗族乡村第三个层级的元素。

基于侗族村寨建筑要素的这些分级，在制定侗族乡村保护与发展规划时，要先注意侗族最核心元素的调查和保护，不能因为萨坛低矮如坟头就任其湮没，也不能因为风雨桥美丽壮观就随意添加。侗族村寨最显眼标志的鼓楼也是有讲究的，要特别关注以鼓楼为核心的村寨结构、分区和组团。侗族的社会结构是以姓氏为单位，有的村寨只有一个姓族，有的村寨有多个姓族，每个同姓家族围绕同一座鼓楼修建自己的住房（外姓外族需加入某一姓族）；如果村寨住有多个姓族，他们一般也是各姓围绕自己的鼓楼，分片居住。注意村寨建筑特征的层级，避免对村寨社会结构和形态结构造成破坏。

3.2 侗族村寨的区位类型

侗族尽管习惯居住在近水江河边，但因人口繁衍和资源压力，也有一部分侗族村民居住在山上。大江侧畔、小河两岸和深山高坡，构成了侗族村寨区位的三种类型。

（1）大江侧畔的侗寨

位于都柳江等大河侧畔的侗族村寨。这里江河宽阔，难以修建桥梁，传统交通主要靠舟船，故村寨往往都有通向江边的码头。大河沿岸土地平坦，物产丰富，交通方便，这里的村寨一般相对富庶，公共建筑和个人住宅比较讲究，村寨规模也普遍较大。但也正是水路交通的便利和经济的发达，使得这些村寨发生了较大的异化，侗族村寨的特色已经不够鲜明。

（2）小河两岸的侗寨

位于宽度适中河流两旁的侗族村寨。这些村寨无论是位于河流一侧还是夹河而居，都需要修建桥梁到达河对岸，各式各样的风雨桥就成为这类侗族村寨的显著特色。这些村寨所在的河流两岸，从古至今大都不是主要交通要道所经，外来文化冲击较大的河沿岸的侗寨要小，还有一些保持了原始风貌的侗族村寨群体，广西三江县林溪河沿岸的程阳八寨和湖南通道县坪坦河流域侗寨，就是其代表。

（3）深山高坡的侗寨

位于山区的山腰坡地上的侗族村寨。除了季节性山间小溪外没有四季长流的河流，无须建设风雨桥一类桥梁。侗族村民的住宅或在山间台地上围绕鼓楼向外展开，或在山坡上沿等高线顺坡向上递增。由于山高路远，交通不便，这些地区的侗寨文化传统往往保存较好，贵州黔东南传统的六洞、九洞地区的不少侗寨都属此类型。

侗族是十分讲究因地制宜的民族，他们根据自己栖息地的自然生态和地理环境决定其村寨是否需要次一级公共建筑要素。侗族村寨以位于小河两岸的数量最多，故有"侗族住水头"之说。居住在小河两岸的侗族村寨当然要建设风雨桥作为必需的交通设施。然而，位于大江大河边上的侗寨村寨，江河的宽度超过了当时建桥的技术水平和资金能力，相对丰沛和平稳的江水也给这些村寨的居民提供了舟楫之利，无须再建造风雨桥。而位居深山高坡的侗族村寨，没有足够宽度的河流来修建风雨桥，也没有花费钱财修建风雨桥的必要，没有风雨桥本来就是一种常态。有乡村规划者给深山高坡的侗族村寨设计并建造风雨桥，将这种可有可无的侗族乡村次一级元素当成侗寨的必备元素，结果地方政府或社会团体投资建造的风雨桥没有地方摆放，只有放置在村头或田间，如贵州黎平县的堂安侗寨风雨桥、湖南通道县芋头侗寨的风雨桥等，都是这类有画蛇添足之嫌的新作。

3.3 侗族村寨地貌的形态类型

侗族村寨不仅是各类建筑的综合体，也是由聚落、田地和山林河流构成的系统，更是一种生息方式和文化形态的见证。这一生存方式的具体形态受制于自然环境，尤其受地形地貌的制约。侗族居民基于他们所处环境，来确定其村落的建设位置、范围和结构，来处理聚落、田地和山林之间的关系。这实际上也正是山地族群共同的生存智慧。根据村寨所处的地形和地貌，侗族村寨可以分为河谷平坝、山谷阶地和高山坡地三种类型。

（1）河谷平坝型侗寨

河流侧畔或两侧的宽谷台地上的侗族村寨。其聚落或位于平坝的河边，或位于平坝的山边，田地主要位于聚落朝向河流的一面，聚落后面的山丘则是村民木料、燃料和辅助食品来源的山林。村民依靠船只或风雨桥往来于河流两岸，故码头或风雨桥为这类侗族村寨的必要元素，沿河的古树林木带为这类村寨的一道景观。昔日贵州榕江县城边的三宝侗寨，现今广西三江县的梅林侗寨，都为其例证。

（2）山溪谷地型侗寨

这是侗寨最常见的类型。这类村寨往往位于山沟之中，尤其是山沟小溪的上游。沟上游方向的一侧或两侧阶地上是聚落，田地主要集中在沟下游方向一侧或两侧的台地上，其后的山上则是村落的山林。聚落的建筑一般顺着溪流和山谷分布，有在山谷一侧梯级而上布置，也在山谷两侧相对布置。前者如贵州从江县的占里侗寨，后者如贵州榕江县的大利侗寨。

（3）高山坡地型侗寨

位于大山山腰或山上的侗族村寨。这类村寨往往由三个大致水平的层次构成：最上层是山上或山头的森林；中层是聚落的所在；下层则是层层的梯田。山上的森林既为村寨提供木料和木材，也为下面的村寨和农田提供水源。村寨的聚落通常沿着几条上下平行或呈之字形的路径分层排列，靠近较小山顶的村寨还有沿等高线层层包绕山顶的例子。贵州黎平县厦格村就属于山坡型的村寨，而广西三江侗族自治县的高定侗寨则属于山顶型的侗寨。

无论是哪种地形地貌的侗族乡村，其主人都十分珍惜土地的使用，他们的聚落位于山脚和山坡不宜耕作的区域，而将平坝和缓坡等可以开垦成水田的区域保留下来。即便是河谷平坝型侗族村寨，除了建村年代较早且兼有区域集市的大型侗寨外，村寨聚落一般很少建立在河流旁的平地上，而是沿着河谷平坝的边缘或平坝旁的山地建造聚落，把河边的平地都留出开垦为农田。因此，规划者在考虑村寨新辟宅基地的时候，不能只考虑修建方便，造成新区占据大片农田的现象。贵州黎平县的肇兴千户侗寨，新的建筑沿着山间谷地延伸，占用了不少田地，本来的传统村落已经变成很少田地的旅游小镇了。其他侗族村寨的保护与发展规划应该避免重蹈覆辙。

3.4 侗族村寨的生业和资源状况

侗族村寨的交通区位、产业特色、自然资源和传统技艺各有不同，归纳起来，大致可以划分为三大类。

第一类是位于交通相对便利、具有优美宜人山川环境、村落布局和建筑别致、村内非物质文化因素引人注目且附近有其他可以依附名胜古迹的侗族乡村。这些侗族村寨可能具有旅游发展潜质，可以将乡村旅游作为振兴当地经济的发展方向。不过，这类村寨数量不多，约占侗族乡村遗产的5%，一旦这类旅游村寨多了，会带来乡村旅游对象同质化的问题，从而影响本来作为旅游乡村的收益。

第二类是在乡村长期自然的发展过程中，由于区位、物产和传统，某些特色产品生产的特种工艺逐渐集中在某一个或几个乡村中，这些村落的特色产品已经在相当大范围内形成了被乡村消费者认可的销售区域。只是随着时代的发展、交通的便利和对外部销售信息的掌握，这些乡村中掌握特种工艺的工匠已经离开乡村，到可能销售更多产品的城市和地区居住，原先兴盛的乡村已经衰落。这种侗族乡村的数量也不多，不超过5%。

第三类是散布在侗族聚居区各处的最常见的侗族乡村。这些乡村一直以传统种植农业为主业，以养殖和采集为副业。随着人口的繁衍，这些侗族乡村人均占有田地面积越来越小，乡民仅仅依靠土地不可能过上相对富足的生活，故绝大多数年轻村民外出到城市工作甚至居住，留在村寨中的多是老人和小孩。这类村寨是侗族乡村的主体，约占全部侗族村寨的90%。

要根据侗族村寨区位和资源状况，区别对待侗族村寨的保护和发展。不能一说侗族村寨发展，就认为是发展旅游经济。村寨以旅游业作为主要发展方向，这是最容易想到的比较简单的发展模式，但能够发展旅游的侗族村寨受到诸多条件的限制，数量也非常有限。即便要发展旅游，也不能将小小的村寨规划成为低层次旅游，村寨的承载力有限，游客的大量涌入会将一个很好的传统村落异化。贵州雷山县的西江千户苗寨、黎平县的肇兴千户侗寨就是例证。

具有特种工艺的侗族乡村，其保护与发展规划，可以帮助设计建立一个互助合作社，将村寨中不同工艺水平的工匠组织起来，走共同致富的道路。同时，帮助建立一条销售网络，使村内工匠不用出村也可以销售他们的产品。如果做到这一点，这些拥有特种工艺和产品的村寨，工匠们可以不必与故乡告别，就可以兼顾他们的田地，村寨也就不会破败萧条。

最困难的是那些以传统农业为主业的侗族乡村，要保护好这些村寨并提高村民的生活品质，最重要的是要为这些村寨规划摆脱贫困的方式，尤其是乡村田地和山川的保护与利用、新的产业和经济增长点的培植；然后是乡村传统社区与现代社区再造、非物质文化事项的传承发展；最后才是村寨建筑的维护和改造、村寨聚落格局的保持和优化的研究及设计。

当然，在所有的传统村落保护与发展规划中，土地和管理是最为基础的问题，有些发达地区将村民组织起来组建合作社或股份制公司，村民以土地入股，发展具有竞争力的农产品等，都是值得借鉴的经验。

参考文献

[1] 丁远康、黎登庆："湄潭农村改革试验区延长土地承包期五十年的实践与思考"，《中国农村经济》，1999年第3期。

[2] 姜莉芳："侗族各地萨岁崇拜研究"，《广西民族师范学院学报》，2017年第2期。

[3] 刘燕舞："反思湄潭土地试验经验——基于贵州鸣村的个案研究"，《学习与实践》，2009年第6期。

[4] 罗兆均："神明认同的建构——飞山公信仰之'靖州总庙'话语的历史人类学研究"，《原生态民族文化学刊》，2015年第1期。

[5] 秦晖：《传统十论——本土社会的制度文化与其变革》，复旦大学出版社，2003年。

[6] 石开忠："侗族萨崇拜的祭坛与仪式研究"，《宗教学研究》，2016年第1期。

[7] 杨永明、吴珂全、杨方舟：《中国侗族鼓楼》，广西民族出版社，2008年。

[8] 朱新山："试论传统乡村社会结构及其解体"，《上海大学学报（社会科学版）》，2010年第5期。

新时代首都乡村治理体系研究

邹艳丽　戴芳芳　卢璟慧

摘　要　北京市乡村地区的经济特征和社会管理差异较大，城郊结合部面临减量增率的实施困境，生态保护区面临发展保护的矛盾困境，具体存在如下问题：一是搬迁改造与设施运营维护资金严重不足，乡镇基层管理事权与财权矛盾；二是政策缺乏稳定性和持久性，项目建设的紧迫性和规划审批的合理性矛盾；三是政府计划与新版总规不能有效衔接，政府单项政策与长远目标实现矛盾；四是设施保障与建设项目不能实现对接，乡村产业发展与现有部门政策矛盾。乡村兴则城市兴，促进乡村振兴应稳步推进、有序实施，建立基于乡村运行规律的社会管理体系、基于乡村经济发展的基础保障体系、基于乡村发展保护的空间管制体系以及基于城乡结合部统筹发展的创新制度体系。

关键词　乡村地区；遵循规律；分区治理；有限政府

《北京城市总体规划（2016年—2035年）》（以下简称"新版总规"）按照严控城市规划、疏解非首都功能的基本原则调整城乡发展格局，优化提升首都功能，强调山区和平原地区互补、城乡和谐共生、一体化发展。这也给首都乡村发展提出新的要求，构建新时代背景下的首都乡村治理体系至关重要。

1　现状情况

1.1　基本特征

北京市行政管辖面积1.64万平方千米，其中郊区（3个近郊区、10个远郊区）面积1.53万平方千米，占全市面积的93%。全市182个乡镇、3 916个行政村，农村人口约573万。北京市不同区域的发展特征不同，近郊区和远郊区经济特征与社会管理差异较大。除了东城、西城两区，朝阳、海淀、丰台、石景山四个区仍然充斥大量城乡结合部，门头沟、

作者简介

邹艳丽，中国人民大学公共管理学院教授、博导，中国城市规划学会乡村规划与建设学术委员会委员；
戴芳芳，中国人民大学公共管理学院硕士研究生；
卢璟慧，中国人民大学公共管理学院硕士研究生。

房山、顺义、大兴、昌平、平谷既为城镇化地区，也包括生态保护区，怀柔、密云、延庆基本为农业和生态保护区。在实施建设空间总量控制的背景下，城乡结合部受制于违法建设用地较多、违建住宅和小产权房存量大等问题，面临减建增绿的实施困境；远郊农村受制于经济实力不足、农民就业生产难和生态保护压力大等问题，面临发展保护的矛盾困境。

1.2 人口特征

2016年年末，北京市常住人口2 172.9万人，同比增加2.4万人；其中，城镇人口1 879.6万人，常住人口城镇化率为86.5%，乡村人口293.3万人。户籍人口1 362.9万人，同比增加17.7万人，户籍人口65岁以上224.5万人，占户籍人口总数的16.5%，比同期全国老龄化率10.8%高出5.7个百分点。其中，户籍人口自然增加户籍户数538.2万户，同比增加了9万户，农业户数230.9万户，占总户数的42.90%[①]。

1.3 产业特征

北京市乡村产业发展具有自身的特点。一是以都市型现代农业为主。2015年，北京市乡村劳动力共计172.5万人，三次就业结构25.3∶22.1∶52.6[②]，三产化特征显著。2016年，全市休闲农业和乡村旅游的经营收入150.7亿元，接待游客2亿人次；设施农业中，温室占地面积11.2万亩，大棚占地面积9.8万亩，温室、大棚的收入为52.5亿元；从智能化程度看，174户规模农业经营户和38家农业生产经营单位将物联网技术应用于农业生产经营，通过互联网进行销售的农业生产经营户和单位占比2.0%[③]。二是农村劳动力受教育水平较高。2016年北京市对常住人口进行抽样调查，40.09万受访者中有9.97万为中职以上学历，占总抽样人口的24.86%；同时，根据2016年1‰人口变动调查样本统计数据，学历为大专及以上的人口占比45.46%，初中学历人口占比23.94%，说明本地常住人口人力资源优势较大。

北京市"十三五"规划提出控制高耗水农业生产功能发展。有序调减粮食生产面积，加快退出地下水严重超采区和重要水源保护区的粮食种植，有序调减畜禽养殖总量。

加大生态涵养区支持力度。坚持把增强生态服务功能放在第一位，取消山区乡镇地区生产总值考核，全面退出高耗能、高耗水、高污染行业，发展生态服务型沟域经济，建立生态友好型产业体系。

1.4 保障特征

北京市乡村地域整体呈现污水和垃圾处理设施布局不够合理，污染治理存在设施能力不足、标准和处理率相对较低、缺乏运营费用的特征。2017年，全市共有农村污水处理设施 938 处，解决污水处理村庄共计 730 个，占村庄总数的 18.6%，污水处理场站覆盖率总体不高。根据北京市统计局官网公布的第三次本地农业普查数据，全市 3 838 个行政村和涉农居委会中，仅 46.8% 有生活污水管网，共计覆盖了 1 796 个村或居委会。99.3% 的村庄进行生活垃圾集中或部分集中处理，93.8% 的村庄进行改厕[④]。虽然完成率较高，但实际调研发现效果并不理想。

2 存在问题

2.1 搬迁改造与设施运营维护资金严重不足，乡镇基层管理事权与财权存在矛盾

城乡结合部很多历史遗留问题因建设用地补偿角度和资金补偿的原因难以解决，新版总规为减量规划，在此背景下，建设用地指标更为紧张，需要的补偿资金也由于北京房价上涨而剧增。如太阳宫牛王庙地区自 1993 年京润项目征地以来，位于霄云路西侧部分地区一直未完成拆迁。不同层级的产权单位和个人 150 个，建筑面积 86 200 平方米，拆迁所需资金巨大。来广营乡北湖渠村环境整治项目和全乡的转居转工资金总需求约 37 亿元，需要临近建设项目地块土地出让资金 22.9 亿元平衡，仍存在约 14.1 亿元的缺口。一绿中存在大量的国企单位和宿舍的腾退。

目前，已经城镇化地区各项设施并不完善，如朝阳区豆各庄部分道路辅路没有路灯，常营中街位于已改造区域，至今未实施道路建设等。已改造乡村社区未建立市场化运营机制，需要大量的维护成本。乡村污水、垃圾运营维护费用缺乏稳定的财政资金保障。以密云区为例，目前密云城区和现有村镇污水处理设施运行费达到 5 000 余万元，后期新城再生水厂投入运行后，费用将再增加 1 200 万元。随着污水设施陆续增加，设施运行维护费用将逐年加大。按照新版总规 2035 年城乡产业用地占城乡建设用地的比重由现状 27% 下降到 20% 以内，意味着大量的乡镇村集体失去原有依靠乡镇企业或厂房租赁等获得收入来源的途径。如朝阳区王四营乡观音堂村全部位于绿化隔离带内，村集体腾退了所有企业，无任何收入来源，导致村民分配都需要乡政府扶持，形成不稳定因素。

2.2 规划缺乏稳定性和持久性，项目建设的紧迫性和规划审批的合理性存在矛盾

各区县的分区规划尚未完成，村镇体系格局调整的顶层设计并未出台，致使城乡结合部原有控规和大量乡镇规划基本作废，调整方案目前还未获批，后续立项、融资、拆迁工作均无法进行。如 2014 年 7 月，北京市政府批准朝阳区常营、豆各庄、南磨房、太阳宫、来广营、将台六个乡作为城镇化建设的第一批试点，从市政府批准规划截至目前

已有 3 年的时间，集体产业项目总体开工率不足 1/10。将台已经腾退全部乡集体企业，但新批产业项目建设手续至今尚未办理齐全，无法开工建设，给集体经济造成较大损失。同时，农村和集体产业项目、住宅项目缺乏相应的房地权属证明文件，无法对集体和私有产权实施保护。如小红门国有单位宿舍安置房及农民回迁安置房迟迟没有办理正式手续。

也基于规划不稳定的原因，城乡结合部、新农村建设等项目缺乏合法性规划支撑。以密云区为例，密云城区现有生活垃圾收集转运站点建设较早，基本位于道路两侧和道路两侧绿化用地内，与现有《密云新城环境卫生工程专项规划》中生活垃圾收集转运站点位置不符。原址改造核发行政许可难度大，乡村基础设施一般村选址，往往占用耕地或不在村庄建成区内，导致项目难以审批或审批时间长。密云区酒乡之路蔡家洼村 2005 年按照《北京市远郊区旧村改造试点指导意见》（京政农发〔2005〕19 号）的规定编制规划，由于密云区整体调整规划和建设用地规模变化导致原有规划审批方案无法有效实施，如何旧有规划和现有规划相互衔接迫切需要解决。

2.3 政府计划与新版总规不能有效衔接，政府单项政策与长远目标实现存在矛盾

2017 年 9 月 13 日，中共中央、国务院正式批复的新版总规规定，到 2020 年减少城乡建设用地 61 平方千米，到 2035 年减少 161 平方千米。收缩规划不是空间资源这意味着大量乡村需要通过城镇化进程转为新型农村社区，也意味着村庄格局的调整需要缜密的计划和大量的资金投入。总体而言，当前乡村建设的均衡性投资和扶贫政策导向不利于城镇化的健康发展，固化了原有的分散性，导致后期拆迁改造难度加大，初步估算近些年北京市政府基于乡村的有效投入占总投入的不足 40%，大量资金出现重复投入、无效投入的状况。目前美丽乡村建设过程中，2015—2017 年减煤换煤、清洁能源集中供热等项目采取政府强力推进、快速实施、财政补贴为主形式，以项目形式均衡性开展，未与城市规划实施紧密整合，造成项目实施质量不佳或大量资金浪费。如 2017 年煤改气等项目的全面铺开，造成政府财政投入大量浪费，朝阳区一个村庄煤改气等清洁能源项目实施投入花费 1 个多亿，2018 年即面临拆迁的尴尬局面。新一轮出台的《实施乡村振兴战略扎实推进美丽乡村建设专项行动计划（2018—2020 年）》提出已通过美丽乡村创建验收的村进行巩固提升，除此之外，在规划保留的村全面开展美丽乡村建设，非规划保留的村原则上以实施环境整治为主。事实上大量通过美丽乡村创建验收的村并非保留村庄，非规划保留的村若粉刷以及提供供水、污水处理等仍需要花费大量的资金，按照现有的区县制定的初步计划方案，保守估算每个村至少投入 3 000 万元，这些公共财政资金可能造成巨大的浪费。

2.4 设施保障与建设项目不能实现对接，乡村产业发展与现有部门政策存在矛盾

城乡结合部部分地区基础设施包括电力保障程度不高。如朝阳区十八里店乡西直河村五环外部分无任何市政电力等基础设施，而该地区拟建设北京市租赁房项目，因该区域及周边无任何市政基础设施项目，导致项目无法有效实施。大兴区科电商谷项目已经建成，但周边缺乏必要的污水排放、电力保障条件，导致项目难以运营。政策系统性协同不足一方面体现在政策的一刀切，规划调整 5 000 多平方千米纳入涵养区，怀柔、密云为禁养区，即刻关闭了养殖场 300 多个，很多 40 多岁的农民失去工作。根据北京市农委提供的数据，2017 年第一季度农民收入增速仅为城镇居民增速的 0.9%，北京市粮食、蔬菜应急保障能力不足 3 天。另外，结合农业生产的设施建设、产品加工、旅游设施如何与时俱进等方面缺乏探索创新和政策协调。以密云酒乡之路的葡萄酒庄园为例，这方面的问题导致农业投资面临困难。

3 对策方法

北京乡村地区地域面积广，远郊乡村和城乡结合部差异较大，应分类分区制定差异化治理对策，全面构建以人文本、生态为本的社会治理、经济发展、服务提供和空间管制的乡村治理体系。

3.1 建立基于乡村运行规律的社会管理体系

乡村有客观的治理规律，农民有理性的行为选择。政府扶贫和以整治任务的形式强势推进乡村振兴带来的负面影响，使农民、农村越来越"等靠要"，靠勤劳致富、共同致富、互帮致富的向上的社会风气消失殆尽。美丽乡村建设应建立竞争机制，充分利用基层管理的智慧，脱贫攻坚也不应 100% 作为目标。乡村政策应该有智慧，乡村目标应该有导向，乡村投入应该有底线。乡村振兴需要农民的内生力量，政府是外力，起到促进和引导作用，不能政府包办一切。

3.2 建立基于乡村经济发展的基础保障体系

结合北京乡村农业生产主体向种田大户、产业融合企业、专业合作社转变的趋势，满足新版总规提出的发展都市型现代农业、生态旅游农业，推广田园综合体模式以及山区保持人口规模基本稳定的管控要求，建立乡村产权保护制度，制定产业融合所要求的土地整体流转、基础设施保障、涉农产业设施等建设标准、技术规定和配套政策。建立乡村公平

协商自治制度，创造人才、财富回流乡村的制度环境。乡村公共服务按供给方式及服务特征分为自治型、救济型、专业型、运营型、职能型五类，应明确政府、集体、村民和社会的职责分工，明确政府承担的基本职责，促进城乡基本公共服务均等化平均化。加大政府投入供水、污水等配套管网设施建设。

3.3 建立基于乡村发展保护的空间管制体系

整合乡村规划建设、土地资源、生态环境、林业防护、水利设施、农牧种养、交通工程等领域的空间规划，以持久性、可实施的村庄体系规划作为北京市乡村振兴战略实施过程中空间结构调整的执行依据。根据乡村发展格局调整的长期性，需要采取强制性控制和多路径引导两种手段。梳理既有城镇化政策，明确哪些政策可以继续执行，哪些政策应命令废止，针对既有政策废止的补偿性意见和调整型策略，在规划出台之前应暂停乡村永久性基础设施项目建设。制定与村庄体系规划相协调的政府行动方案，应包括近中远期实施计划，细化村庄类型和保留年限，明确近期资金投入方向，制定基本公共服务标准，2—3年内可能拆迁的村庄可不再进行投入。完善拆迁政策、奖补政策等制度，加强市级层面的组织保障以及区级层面的部门协作，提高审批效率，优化审查流程，创新审批机制，完善监管机制，促进乡村规划建设向减量提质方式转变，促进乡村空间可持续发展。

3.4 建立基于城乡统筹发展的创新制度体系

城乡结合部改造时序引入市场竞争机制。解决空间短缺问题可合理利用地下空间，即大量市政设施、停车设施、一般性公共服务设施利用地下空间开发解决。制定引导性政策和奖励机制，如地下空间开发面积容积率减半等。调整财税体制，税源流转适当向乡级倾斜。允许以农村集体经济组织为主体，采用多种方式（包括占地或自征自用、定向出让等）实施集体产业项目。根据实际需求，规划部门核定集体产业项目及平衡资金产业项目建设规模。如按自征自用方式实施，其定向出让产生的土地出让金，根据收支两条线的原则，除上缴中央财政的部分及相关税费之外，其余部分按同等额度由市财政通过区财政支付给试点乡，用于项目的市政基础设施建设和集体经济发展。

乡村承担着保障国家粮食安全、生态安全和环境安全三大安全功能以及文化传承、社会稳定两大社会功能，乡村兴则城市兴。乡村发展的所有参与者应遵循乡村发展的客观规律，加强政策体系的完善性、系统性，充分利用公共资源和社会资本，按照乡村振兴规划有序推进、稳步实施，实现北京市乡村地区的全面振兴。

注释

① 《北京统计年鉴》（2017）。
② 《北京农村年鉴》（2016）。
③ http://tjj.beijing.gov.cn/tjsj/sjjd/201801/t20180129_391775.html.
④ http://tjj.beijing.gov.cn/tjsj/sjjd/201801/t20180129_391775.html.

参考文献：

[1] 巩前文："北京市农村经济供给侧结构性改革研究"，《中国特色社会主义研究》，2017年第5期。
[2] 桂琳、罗玲、吴静等："北京农村集体建设用地流转模式比较研究"，《经济师》，2017年第6期。
[3] 李如刚、戴志锋："破解北京农村生活垃圾治理瓶颈"，《城市管理与科技》，2015年第3期。
[4] 梁瑞智、钱静："北京农村集体经济运营问题及模式选择"，《北京农业职业学院学报》，2015年第3期。
[5] 罗斌："北京农村剩余劳动力转移对策研究"，《北京农业职业学院学报》，2018年第2期。
[6] 罗雅丽、张常新、刘卫东等："镇村空间结构重构相关理论研究述评"，《地域研究与开发》，2015年第4期。
[7] 孟扬："北京农村区域经济差异分析"，《中国农业资源与区划》，2016年第6期。
[8] 宋小冬、吕迪："村庄布点规划方法探讨"，《城市规划学刊》，2010年第5期。
[9] 宋志军、关小克、朱战强："北京农村居民点的空间分形特征及复杂性"，《地理科学》，2013年第1期。
[10] 王琦、罗易、赵洁："从建设性后现代角度看中国乡村文明建设的重要性——北京'乡村文明复兴与有根的中国梦'国际学术研讨会综述"，《中国浦东干部学院学报》，2015年第2期。
[11] 王朝华："北京农村集体土地开发存在的问题分析和应坚持的原则方向"，《农业经济》，2015年第9期。
[12] 王朝华："北京农村经济发展形势分析与未来展望"，《经济界》，2017年第3期。
[13] 王朝华："对北京农村污染问题的治理对策分析"，《北方经济》，2017年第6期。
[14] 张建、章文、胡亚婕："农村产业发展视角下的北京新农村规划探索"，《北京规划建设》，2014年第2期。
[15] 张祖群、林姗："首都城乡建设的文化品位与中国特色社会主义先进文化之都建设——基于北京乡村旅游八种新业态的分析"，《中国软科学》，2011年S2期。

大道至简，真水无香
——中国古典美学、乡规民约与乡村规划实践

周 珂 顾 晶

摘 要 乡村是体现了"人类与自然环境互动的情况"，包括"能持续使用土地的特殊手段"，是以农业经济为基础、以村落为中心的特殊类型的文化景观，在美学思想上更多地体现了中国古典美学的审美情趣。在乡村规划实践中，应以"虽由人作，宛自天开"这一中国古典美学根本性纲领为工作指导，以尊重原有内在秩序、最少干预、非功利性和主动参与为工作要求，以乡规民约为工作法理基础。也唯有如此，才能够实现自然和文化、物质和非物质、历史和现时的整体延续；才能够延续村落的文化脉络，维护文化多样性；才能够将村民作为乡村建设的主要力量，维护村落文化景观发展途径的多样性。

关键词 乡村规划；文化景观；村民自治；乡规民约；中国古典美学

1 中国古典美学与乡村规划实践

乡村是体现了"人类与自然环境互动的情况"，包括"能持续使用土地的特殊手段"，是以农业经济为基础、以村落为中心的特殊类型的文化景观。乡村规划实践因此不同于城市规划实践，其不但在编制管理的法理基础上与城市规划有着相当大的差别，而且在美学思想上更多地体现了中国古典美学的审美情趣。探讨中国的乡村规划实践，先要理解中国古典美学的特征是什么。

中国古典美学的特征就是"在师法自然原则下规避人工的秩序"，这也决定了中国传统艺术面貌的根本。在中国古代艺术家眼中，"人工"是和"天趣"相对的，人工痕迹露，天然趣味亏。人工反映的是人类理性的秩序，带有一定的目的性，容易受到技巧的控制，难以摆脱既成法度的限制，还会受到人的情感欲望等的影响。艺术家在如此状态中的创造，是一种不自由的创造，不自由的创造，只能破坏自然生命内在的平衡。从人工秩序中逃遁，是中国古典美学的核心。

作者简介

周珂，同济大学建筑设计研究院（集团）有限公司建筑设计四院副总规划师，文化遗产研究中心主任，教授级高级工程师，中国城市规划学会乡村规划与建设学术委员会委员；

顾晶，上海同济开元建筑设计有限公司副总工程师。

1.1 对美的质疑和规避——对外来秩序的态度

和西方美学不同，中国古典美学是以质疑美为开端的。中国古典美学认为我们无法确定一个东西是真正的美，我们在美的追求中恰恰容易与真正的美背道而驰。老子是中国美学史上第一个深入探讨美的概念的思想家，美的问题是他证伪知识理论的组成部分。在老子看来，相反相成，是知识构成的特性，但并非世界本身所具有。人为世界分出高下丑美，是在下判断，以人的理性确定世界的意义，这样的知识并不符合世界的特性。由此，在老子看来，一般的美丑是虚假判断，自然是至高的美、绝对的美。真正对美的欣赏要超越人的知识判断和情感活动，而返归于无言的自然之中。在中国的哲学中，天地自然不是纯然外在对立于人的，人就是自然的一部分，所以，老庄哲学强调自然是最高的美，并不是说人为的美不如自然的美，而是强调美的创造是归复自然之道。中国古典美学认为美的原则是一种习惯、一种定见、一种秩序，是为美的欣赏和创造提供了可依托的坚定标准。但这些美的定见、习惯和标准，又同时对人的创造力造成抑制，会使人背离对真实生命的追求，产生与人内在生命尖锐的矛盾，并将人格的独立淹没于依附的心理之中。因此，中国古典美学思想强调对美的秩序的规避，它强调超越形式上的美丑观念，形式之外的德和神才是决定生命价值的根本；它强调超越美的习惯，避免长期遵循美的秩序而形成所谓的"媚习"；它强调超越美的法度，无法而法，至人无法，以顺乎自然为最高之法。对美的质疑和规避并不是对美的否定，也不意味中国古典美学有喜欢丑的倾向，而是在质疑作为知识形态的美丑观念的基础上，返璞归真，以自然为最高的秩序，以天趣为最高的审美原则。

面对人与自然长期互动所和谐产生的村落文化景观，在其保护与发展的实际中，我们所面临的问题和中国古典美学所面临的问题是一样的。在每一个村子的实践中，我们是否能够质疑我们内心原有的价值判断？是否能够规避我们业已习惯的工作程式？是否能够以原住民的视角来看待问题？是否能够和原住民一样来思考问题？是否能够细心寻找之所以形成地方独特的村落文化景观背后的自然之道？还是按照规划设计人员的主观审美去构建一个"他者视角下的传统文化"？

> *案例：四川省宝兴县蜂桶寨乡青坪大河坝新村聚居点的首轮灾后重建规划设计*
>
> 蜂桶寨乡青坪大河坝新村聚居点位于通往四川省级文物保护单位邓池沟天主教堂（图1）的路上，也是首次将活体大熊猫介绍到欧洲的戴维神父的故居。"4·20"地震以后，中国扶贫基金会委托某建筑规划顾问有限公司对该聚居点进行了规划设计，并将该村起名为"戴维村"（图2）。但设计师仅仅是按照个人的审美情趣，认为既然和戴维神父有关，就应该是一个欧式的村庄，全然不顾邓池沟教堂的整体外观是一个中西合璧的西南传统穿斗式四合院民居的形式。反倒使得新的聚居点和当地的历史和传统文化相脱节，显得做作。

图1　宝兴县邓池沟天主教堂

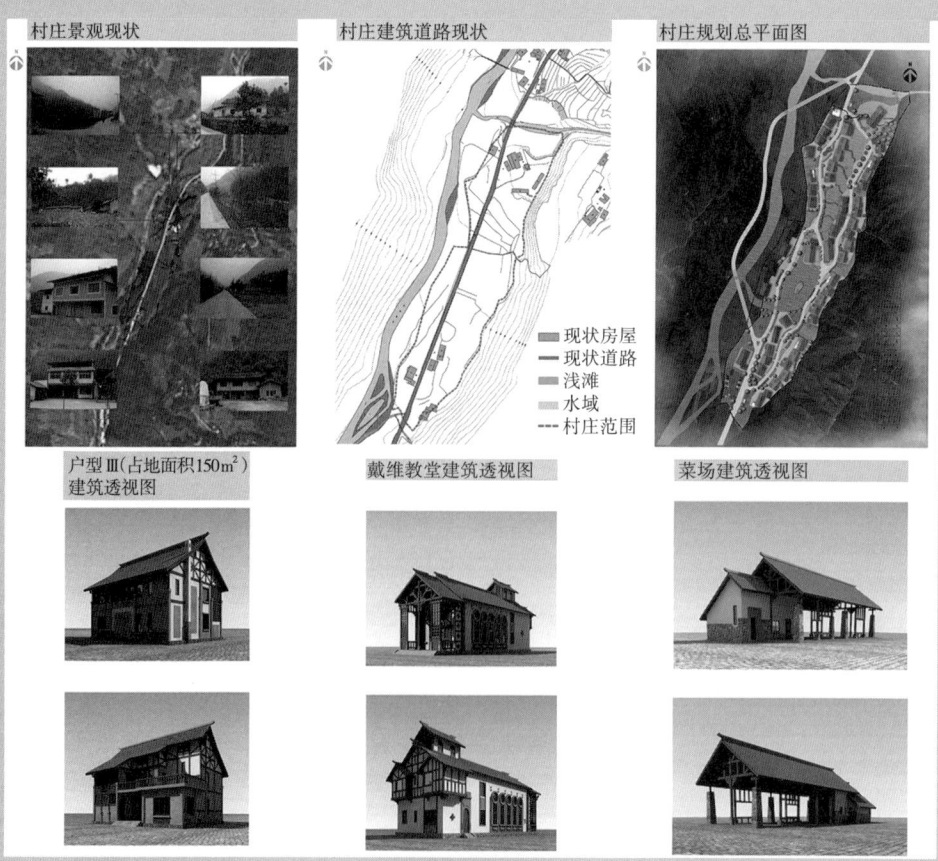

图2　某建筑规划顾问有限公司做的戴维村规划设计方案

资料来源：宝兴县蜂桶寨乡人民政府。

1.2 大巧若拙——最少干预的实践

大巧若拙是体现中国美学基本特点的理论命题之一。作为一个哲学命题，大巧若拙思考的核心问题是人工技巧和自然天全之间的关系，是中国哲学中对技术主义进行批判的代表性观点。大巧若拙反对技术至上的思想，强调对机心的超越，反对目的性的求取，反对先入为主的秩序。大巧若拙，作为中国古典美学的独特秩序观，不是依照先入为主的原有理性秩序来解释世界，而是以天地的自然秩序为根本。因此，庄子技进于道的思想成为中国古典美学的重要创造原则，技术是艺术创造的手段，但创作者不能成为技术的奴隶。从而，中国古典美学重视内在生命的体验，审美活动就是超越有限人生，从而达致生命的飞跃。中国美学并不重视所谓的看和被看的关系，而强调内在生命的融合，审美活动是人和自然的互动，天人合一是中国古典美学的重要内容，也是中西美学的重要差异。

正所谓"虽由人作，宛自天开"，巧的最高境界是不露痕迹。但是在乡村规划的实践中，外来工作者，包括官员、专家学者和志愿者，往往先入为主，试图用自己的方式和理解来影响村落原有的进程。最常见的就是为了所谓的风貌的协调和统一，也不区分不同的民居所形成的年代背景条件，直接都改造成整齐划一的外观，穷人家的房子装上雕花窗，50年代的供销社外墙包上木头……最后，似乎看起来是整齐美观了，但是村落原来本身所固有的时间过程的完整性和真实性都受到了极大的破坏，以一种个人技巧的"卖弄"对村落景观的真实性、完整性和延续性造成了不可逆的破坏。如何在乡村规划实践中建立平等对话的议事日程，防止外来者对村落景观文化的过渡干预，帮助村民发现问题，梳理问题产生的原因，寻求以传统的方式来解决问题，才是外来实践者的重要任务。

> 案例：四川省宝兴县穆坪镇雪山村灾后重建
> "4·20"芦山强烈地震后，雪山村的重建规划与设计方案在中国扶贫基金会牵头下，联合AIM(国际建筑设计竞赛)竞赛组委会，面向全球发布了以"震后重建·彩虹乡村，熊猫老家——四川雅安雪山村村落复兴"为主题的设计竞赛。来自山东建筑大学、华南理工大学、清华大学、哈佛大学等高校的建筑专业志愿者，实地深入雪山村担当驻场设计。在竞赛方案的基础上，形成了最后的规划设计实施方案。除了保留原有的一所老宅外，均新建成为3—4层的新川西风格建筑。

图 3　灾后重建完成的雪山村

1.3　萧散——非功利性的实践

萧散在中国古典美学中作为一个艺术批评的概念，其形成大约在北宋时期，主要强调的是在作品中没有人工雕琢的痕迹，自然天放，不扭捏、不造作、不虚张声势。苏轼将萧散发展成为一个基本的批评标准，他认为萧散境界的形成关键在于"散"，不是对外在世界的排斥，而是存在一颗散淡的心，"散"的关键是解除心中的执着。对于乡村规划的实践者，在实践过程中保持一颗萧散而淡泊的心是同样重要的。

村民是村落文化的重要组成和保护的主要力量，村落所形成的文化景观是本地村民和自然长期互动的结果。也就是说，所有的外来规划实践者在整个过程中，自始至终都是配角，首先要除去的就是做事的功利之心，不能把乡村规划实践看作是各人的留名之作，更不能当作政绩工程来处理。一旦掺杂了功利性因素，在实践中必然会增加许多非自然的事物来突出这个功利，从而对乡村特有的文化景观造成不必要的干扰。外来规划实践者只有怀着非功利的态度，才能够沉下心来融入地方，才能够如"散"去秩序般地从秩序中超越，从形似中超越，从法度中超越，从而使自己的乡村规划实践工作达到一个更高的高度。

> **案例：贵州雷山西江苗寨的"西江模式"**
>
> 西江苗寨是贵州省雷山县一个有着2 000年历史的苗族村寨，有"千户苗寨"之称。整个苗寨依山傍水而建，吊脚楼层层叠叠，是苗族干栏民居文化的典型代表，是一个苗族"原始生态"文化保存较为完整的地方。在政府主导下，西江苗寨探索了以"政府＋公司＋村民"共同开发的"原生态民族风情游"模式。2007年以来，雷山县政府将西江苗寨作为重点发展对象，在基础设施建设、市场宣传、人员培训等方面积极投入，以期实现旅游经济的快速发展，带动当地农民脱贫致富。通过"多位一体"的宣传攻势使其知名度不断提高，"中国苗族文化中心""看西江而知天下苗寨"的品牌形象为外界所公认。旅游接待人次及收入由2010年的93万人次、5.6亿元，增长到2014年的260万人次、16.35亿元。同时，景区内商业设施大量增加，两条主要街道（芦笙街、白水河）两侧共计分布酒店、民居客栈、餐饮服务、旅游纪念品商户、KTV等约396家。过度商业化破坏了西江苗寨的本根"原真性"。民族旅游浅表化、庸俗化，原生态的东西越来越少。原本只有在重大场合、重大事件发生才有的节日庆典和祭祀活动等重大仪式，现在完全可以为了旅客需要而随时举行。这反过来导致苗族民族遗产的美学价值大大降低。西江镇原镇长苗名叫进升农的老党员李正贵说："大家都说我们西江搞旅游，搞建设，富裕了，发财了。但现在建的那些房子根本就不是我们西江这里的吊脚楼，上面规划的，他们想建什么样子就建什么样子，乱七八糟的。"一些苗族民歌失去了演唱环境，部分民歌的审美、文化功能丧失了。假面舞会的"文化表演"让游客产生厌烦情绪。

1.4 生命的态度——主动参与的实践

"生命的态度"是中国古典美学和艺术观中独有的特征，是一种用"活"的态度来"看"世界的方式。其不是把握美的知识，而是体验生命的愉悦，这"生命的态度"反映了中国古典美学不同于西方美学的发展方向，是重体证、重天人相合的中国古典哲学在审美生活中的反映。正是基于这"生命的态度"，中国古典美学强调人不能成为这个世界的暴君，将世界的一切置于自己的统治之下，去征服它，或者是居高临下地"爱"它，或者是悲天悯人地"怜"它。正是在这样的理论中，我们才能发现"创造一个与我生命相关的宇宙"的真实意义，在这样的"境"中，诸法平等，人不是观者，不是知识的裁判者——或判它有无实用价值，或给它贴上科学的标签，或细致地审视它是否符合美的形式感，他是生命的平等参与者。

村落及其所形成的独特的文化景观，是人与自然之间、人与人之间长期共同相互作用的结果，是持续发展和变化的过程，因此乡村规划实践必然是一种积极主动的融入过程，而不是以他者身份来观察和发号施令的过程。在这个过程中，实践者观照对象、控制对象的主体意识淡出，但实践者并没有淡出，而是在自由灵动的村落中，和自然、和历史、和村民一起"做游戏"。

2 乡规民约与乡村规划实践

从中国古典美学的哲理意义上看，在乡村规划实践中把握好了对外来秩序的态度、最少干预的原则、非功利性的定位和主动参与的精神，延续原有的乡村文化景观特色并不是难事。但是在具体的实践过程中，彻底贯彻和坚持村民自治，才是保证乡村规划的编制管理实践行为能够符合中国古典美学哲理要求的基础法理保障。

2.1 法律规则的明晰是乡村规划实践的基础

实质上，乡村的规划及管理措施是一种平等的公共契约。从田园城市开始，规划就不仅是技术和政策，更是反映社会价值取向和普遍共识，是社会公众达成的对于城乡长远发展目标的一种契约。赵民指出："宏观层面的、战略性阶段的规划，包括区域性的城镇体系规划、城市总体规划等……必定要突出政策性，清晰表述具体的政策目标和要求。在实施性规划阶段，以西方的区划法以及我国的控制性详细规划为例，其编制以有关的政策和高层级的规划为依据，综合各项社会性、工程性因素，协调各方利益，形成指导土地开发和利用的技术规定，其主要属性应是'地方性法规'或'公共契约'。"同时，从村民自治内涵来看，村民自治的内在联系，既不是传统的血缘亲情关系，也不是指令性的行政垂直关系，而是内生于社会主义市场经济基础上的平等自愿的契约性关系。这种契约性关系是一种互惠互利的行为，参与契约的双方都可能从中获益。但是，这种契约性关系必须以不损害社会公共利益为前提。

因此，基于国家法律，明确村民的自治权和国家行政权在乡村规划实践上的分界，避免二者的交叉、混淆和错位，是使乡村建设能够有序、高效地符合规划快速推进的有力保障。让村民充分发挥民主管理的积极性，通过公共契约商议的形式，将乡村规划管理这一公共事务行政管理权力授权委托给村民委员会，形成在政府监督指导下的村庄规划管理自治机制是对发挥村民自主积极性的最有力支持。

2.2 村民自治是乡村规划编制的依据

村民自治是广大农民群众直接行使民主权利，依法办理自己的事情，实行自我管理、自我教育、自我服务的一项基本社会政治制度。《宪法》第一百一十一条规定："城市和农村按居民居住地区设立的居民委员会或者村民委员会是基层群众性自治组织……居民委员会、村民委员会设人民调解、治安保卫、公共卫生等委员会，办理本居住地区的公共事务和公益事业，调解民间纠纷，协助维护社会治安，并且向人民政府反映群众的意见、要求和提出建议。"《村民委员会组织法》第二条和第八条对村民委员会的职责也有所规定。因此，作为村庄公共事务和公共事业的村庄规划编制，是村民自治的一个重要内容。

作为乡村规划建设管理国家层面法律依据的文件主要是2008年1月1日开始实施的《城乡规划法》和国务院1993年6月29日颁布的《村庄和集镇规划建设管理条例》（以下简称《村镇条例》）。制定在《村民委员会组织法》之前的《村镇条例》并未将村庄规划的编制和管理工作作为村民委员会的自主事务，而是作为乡镇行政管理权的延伸。《村镇条例》第六条和第八条分别规定："乡级人民政府负责本行政区域的村庄、集镇规划建设管理工作""村庄、集镇规划由乡级人民政府负责组织编制，并监督实施"。《城乡规划法》延续了这一传统，在第二十二条中规定"乡、镇人民政府组织编制乡规划、村庄规划，报上一级人民政府审批。村庄规划在报送审批前，应当经村民会议或者村民代表会议讨论同意"。而《住房城乡建设部关于改革创新、全面有效推进乡村规划工作的指导意见》（建村〔2015〕187号）（后简称"住建部187号文"）则明确"鼓励以村民委员会为主体的编制方式"。

2.3 村民自治是村庄规划实施管理的基石

自我国实行村民自治制度以来，国家行政权力并非完全退出乡村社会，而是以新的形式存在于乡村社会。《村民委员会组织法》第五条规定，"乡、民族乡、镇的人民政府对村民委员会的工作给予指导、支持和帮助，但是不得干预依法属于村民自治范围内的事项。村民委员会协助乡、民族乡、镇的人民政府开展工作"，这也就意味着村民委员会事实上承担双重角色。在《宪法》层面，乡镇人民政府是国家机构，属于基层政府，而村委会是群众的自我管理、自我教育和自我服务的基层群众性自治组织。

在实践中，要明确村庄的规划管理自治是在基层政府行政管理授权下的有限自治。维护公共利益的基础就是国家的法律体系，因此，村民自治所达成的公共契约/村规民约必须服从于国家的法律体系，不能与之相违背。进而，结合《村民委员会组织法》来看，村民自治的"公共行政权力"是来自于行政机关的权力，有着双重性：一方面是在村民自治的基础上，受村民委托，行使在国家有关法规范围内所确定的村务公共行政权；另一方面是受基层政权（乡、镇政府）的委托，协助基层政府行使以村民为对象的部分公共行政权。《城乡规划法》第十一条明确我国的规划管理体制是"一级政府，一级管理"。作为基层政权的乡、镇人民政府是我国政府行政架构中的基本单元，也是规划相关的行政管理权力的基层执行者。因此，村庄规划自治的必要条件就是要获得承担规划行政管理权的基层政府的授权，村庄规划自治是在相关政府指导下的规划管理自治。

2.4 乡规民约是乡村规划实践的规则

在村民自治的法理基础下，村民自治章程是乡村规划实践的主要议事规则，是一种平等的公共契约，也就是我们通常所说的乡规民约（乡约）。在中国历史上，第一部成文的乡规民约是北宋中期程颐的弟子吕大钧兄弟创立的《吕氏乡约》，而乡约的大规模推广归则功于朱熹。作为地方团体自治的基本"宪章"，乡约的"约"字表达了这个制度的自发合作的理想。它指的是一种契约，由团体中的会员签订以相互保护。这种契约带有强调个人人格平等的特征，这一点特别值得注意，因为它强烈地强调对于人的需求及欲望的相互尊重，远过于重视产权或物质交换中斤斤计较的利害关系。朱熹希望在这种基础上可以防止中央政府干预地方事务，让地方单位享有自主的地位，分享政府的权威，并依赖民众教育及礼仪的实践来代替实行刑罚的法律，是建立在自我更新及社区合作的基础之上的。虽然在历史长河中，乡约的发展经历了种种变化，但是后代的改革家，像明朝的王阳明，都认为乡约是促成地方自治的关键。当代的村规民约具有非常强烈的地域特征，是村民依据宪法和法律，在广泛民主协商的基础上制定的行为规范，它的存在类似于民间法、习惯法，在农村社会发挥着自我管理、自我服务的内部调节功用，构成了村民行使自治权的直接依据，是国家法规的有效补充，既尊重国家法律的基本原则和精神，又充分发扬村民自治、自我管理、自我教育、自我服务的内在功能，能够满足村民群众的实际需求，起到有效调节农村社会的自治秩序的作用。

因此，在乡村规划实践中，必须以村民自治为所有实践的基础，并及时将各种相关措施转化为乡规民约。也唯有如此才能够落实村落发展诉求，维护村落发展途径的多样性，才能够延续村落的文化脉络，维护现代社会文化多样性，才能够实现自然和文化、物质和非物质、历史和现时的整体延续。

3 曹家村灾后重建——一个古典美学哲理下的尝试

宝兴县位于四川省雅安市北部，县域总面积 3 114 平方千米，县域人口 5.8 万人。曹家村位于宝兴县大溪乡南部山区，以农业生产为主，是一座典型的川西山区传统村落。总体格局上是大分散、小聚集、依山傍水、沿山而建，基本以穿斗式木结构建筑为主。2013 年的"4·20"芦山强烈地震造成全村房屋严重受损，全村 178 户村民中申报倒塌重建的户数为126户，加固维修户为52户。

曹家村是典型的川西移民村落，610个户籍人口中，有55个姓氏，其中10人以上的姓氏有17个（518人，其中还有9户为夫妻同姓），宗族血缘关系非常弱。曹家村60岁以上老人共112人，占留村人口的24.03%；劳动适龄人口主要以41—60岁年龄段为主，达到165人，占留村人口的35.41%；而留村的青壮年只有93人，占总人口数的19.96%，呈现出非常明显的老龄化趋势。其中最具活力的青壮年（19—40岁）是外出工作的主体，达到119人，占同龄人口的一半以上（56.13%）。而作为知识结构最新、接受和学习知识能力最强的19—30岁年龄段外出工作学习的人数达85人，占该年龄段的69.67%。按照孙华先生的观点，这是一个典型内部凝聚力下降且失去了传统的自下而上的自组织能力的传统村落。

针对曹家村的实际情况，上海同济城市规划设计研究院项目团队联合村委会在2014年1月28日（农历腊月廿八）趁着外出工作学习的年轻人回家过年的时候，组织了关于重建的开放讨论会，与会人员包括村组的基层干部、对村庄重建模式有想法的村民、对产业发展有兴趣的村民、在校的学生等。这是一个找问题的讨论会，通过一个上午的讨论，大家普遍关心的问题集中在以下三个方面。首先是关于村庄的建筑风格和整体环境，是维持原来传统的穿斗式木结构房子，还是新建钢筋混凝土的西式洋房？是维持原来依山傍水、大分散小聚集的村落格局，还是和其他重建点一样建成高度集中的新农村？其次是重建结束以后，曹家村要发展什么样的产业？如何能够提高大家的收入？最后也最重要的是，如何将分散于全国各处的村民凝聚到一起来进行重建工作？这些问题不需要当场给出答案，就是希望大家在过年的时候，花点时间聊一聊、想一想。会议决定，节后初八或初九（大部分外地工作的年轻人初十以后就要离开）再一起商讨，看看大家最后的想法如何。

2014年2月8日（正月初九），第二次开放讨论会的讨论非常热烈。村民们，不论是年老的还是学生，不论是外出的还是留村的，都认为传统对于曹家村而言非常重要，这个传统不仅是穿斗式木建筑，还包括自古形成的村庄格局，包括山水田，包括传统的建造方式，包括他们记忆中一切觉得美好的事物。但是村民们也提出，希望能够在生活居住质量上向城里看齐，能够有更舒适的房间，有淋浴间，有独立的卫生间，考虑现代材料的应用，等等。

基于这一情况，重建规划项目组积极寻求县乡两级政府的行政授权，以《村民委员会组织法》《四川省〈中华人民共和国村民委员会组织法〉实施办法》和《四川省村民委员会选举条例》为依据，在村民委员会下面成立了两个自建委员会：一个是由13名在乡村民组成的"曹家村灾后重建自建委员会"[名誉主任杨绍永（村主任），主任杨明芬（六组组长），副主任杨平（五组组长）、花镕钮、曹刚，成员为杨克文、孙开荣、王德强、杨宗云、齐明康、孙学强、杨绍军、张宗元、杨宗成］；另一个是由三名在乡村民和五名外出务工村民组成的"曹家村产业发展自建委员会"［主任由村主任杨绍永兼任，副主任分别为杨平（五组组长）、杨明芬（六组组长），其余五个成员王廷罡（上海）、应世刚（西安）、赵文（成都）、杨荣（宝兴）、杨明生（雅安）均为外地务工村民］。之所以成立两个委员会，主要是考虑到，灾后重建的工作大量是日常事务性的工作，灾后重建自建委员会的成员必须是在乡村民，要能随时应对村民的要求。但是外出务工青年更有见识和头脑，对村庄的发展有更长远的打算，其对村庄规划的格局、建造样式、装修标准等有更深刻的认识，而且是灾后重建工作结束后村庄的持续建设和产业发展主导力量。因此，以外出务工村民为主成立的产业发展自建委员会，不随灾后重建工作的完成而撤销，保证村里的产业发展有延续性。

在具体工作中，借助于网络等现代通信手段（QQ群、微信群等），两个委员会一起参与产业发展计划和灾后重建规划的编制与审定，以及新建住房、旧院落改造更新、院坝建设等的验收和补助资金的发放，重建规划的日常实施管理主要由重建自建委员会负责。至此，曹家村灾后重建的决策主体是两个重建委员会。规划项目组以自己的专业知识成为重建委员会的技术帮手，根据村民和重建委员会的要求编制《曹家村重建建筑导则》和《曹家村重建院坝景观导则》（这两个导则也可以理解为乡规民约的一种），以此作为村民自主重建的参考和重建委员会发放补助资金的验收标准。

由于在曹家村的灾后重建工作中，坚持以村民自治为一切规划编制管理的基础，坚持尊重村庄原有内在秩序的态度，坚持最少干预的规划编制原则、坚持非功利性的规划师定位和主动参与村民生活的工作精神，坚持以建造传统为基础的传统建筑重建，使曹家村的灾后重建不但保持了原有的村落文化景观特色，也摸索出了一条突破地域限制，用网络将农村社区重新组织的路径。整体而言，曹家村的灾后重建基本实现了自然和文化、物质和非物质、历史和现实的整体延续发展。同时，由于建设导则充分反映了村民的诉求，曹家村的住宅建设和院落建设都呈现出极为丰富的多样性，没有两家的建筑和庭院是相同的，这个效果是统一规划设计所难以达到的（图4—7）。

图4 曹家村村民集体抽屋架——以建造传统来建造传统建筑

图5 曹家村六组重建前后对比

图 6　曹家村七组村民重建前后对比，通过房子和院坝的对调节约了用地

图 7　曹家村第一个灾后自发产业项目七组"苟家庄"农家乐

正是在规划实践工作中，无论是项目组还是县乡领导，都非常好地把握了度的控制，能够在非功利心态下最少干预曹家村村民的重建工作，并努力融入村民的重建过程中，而不是作为他者。曹家村的灾后重建不但得到了村民和地方政府的充分肯定，也得到国内外专业机构的认可，荣获了 2015 年度全国优秀城乡规划设计三等奖、2015 年度上海市优秀城乡规划设计一等奖、英国皇家规划协会 2016 年度奖（International Award for Planning Excellence, COMMENDED）、香港规划师协会 2015 年度奖。

4　结语

作为介于自然景观和人工景观之间的村落文化景观，是最能体现中国古典美学哲理的人类发展历史的实践之作。在乡村规划实践中，在目前国内乡建的狂潮之下，最难的是如何在实践中把握度的问题，是如何避免因发力过度而对千百年来形成的独特的村落文化景观造成不可逆伤害的问题。以"虽由人作，宛自天开"为纲领的中国古典美学，正为这个度的把握提供了哲学层面的思想指导，乡规民约为这个度的把握提供了工作层面的法理基础。具体而言，就是在乡村规划实践过程中坚持尊重内在秩序、最少干预、非功利性和主动参与。"至简"的"大道"、"无香"的"真水"正是这一度的把握的最高境界。

参考文献

[1] 操奇:"'西江模式'的现代性迷津和可能的路",《贵州社会科学》,2014年第2期。
[2] 〔美〕狄培理著,李弘祺译:《中国的自由传统》,联经出版事业股份有限公司,2016年。
[3] 〔明〕计成:《园冶》,凤凰出版传媒股份有限公司,2015年。
[4] 潘丽萍:"我国村民自治的法伦理变革研究",《东南学术》,2006年第6期。
[5] 彭澎:"村民自治的宪政之维",《北方法学》,2009年第5期。
[6] 孙华:"传统村落的性质与问题——我国乡村文化景观与利用刍议之一",《中国文化遗产》,2015年第4期。
[7] 孙小龙、郜捷:"少数民族村寨过度商业化个案研究——以贵州西江千户苗寨为例",《热带地理》,2016年第2期。
[8] 韦少雄、肖军飞:"村民自治章程的法治功用及其当代价值——基于合寨村村民自治章程的分析",《福建农林大学学报(哲学社会科学版)》,2013年第6期。
[9] 文生:"雷山县'四种模式'全力打造西江景区党建品牌",贵州基层党建网,http://www.gzjcdj.gov.cn/detailnew.jsp?NewsID=200349,2015-4-27。
[10] 于建嵘:"村民自治:价值和困境——兼论《中华人民共和国村民委员会组织法》的修改",《学习与探索》,2010年第4期。
[11] 赵民、雷诚:"论城市规划的公共政策导向与依法行政",《城市规划》,2007年第6期。
[12] 朱良志:《真水无香》,北京大学出版社,2009年。

"交换"视阈下的苗族招龙节解析
——兼论村落文化集体记忆的代际传递

但文红

摘要 本文在记录苗族"招龙节"文化事项的基础上,运用社会交换论和经济交换正义论,来解析苗族招龙节中表现的乡民集体记忆和行为的延续,剖析参与招龙节的外来游客的参与行为的文化意义,对比城乡不同社会群体文化集体记忆的差异导致的行为影响,进而讨论乡村建设中村落文化遗产保护的路径,从而保持具有地方性文化符号的"乡愁"记忆。

关键词 苗族;交换;传统文化;文化遗产

从较为广泛的意义而言,交换是一种基本的社会组织形式,是两个或两个以上的主体在遵循人类既定的规则条件下,相互换取彼此所有物的活动及其过程,其中最主要的形式是经济交换和社会交换。经济交换是交换的一种特定形式,是经济生活中的交换行为,它是在极为明确的规则前提下自愿让渡彼此资源(主要是商品和劳务)的活动及其过程。社会交换是当别人作出报答性反应就发生、当别人不再作出报答性反应就停止的行动。因此,形成了社会学和经济学领域的交换理论:一是社会交换理论,二是交换正义理论,这两种关于"交换"的理论成为解析社会群体集体行为动力的理论基础。

1 控拜招龙节

招龙节,也称"延仙丹",是贵州省黔东南地区苗族特有的"求子"的祈祷和祭祀活动,在"吃牯藏"之后的第四年举行,也是每12年举行一次,主要是为了族群人丁兴旺。

组织。村里的鼓藏头是招龙节的组织者。在苗历新年的时候,控拜村里的四个鼓藏头和寨老们聚在一起,商议招龙节的具体安排。首先是由大鼓藏头确定日子,再确定祭师,还有确定一个砍"龙(本地黑猪)"人,合计活动需要的资金。之后,鼓藏头们与村支两委一起商量,村里要协助组织,参加筹钱、维持秩序等活动。

筹钱。筹集举行祭祀活动的资金是筹备活动的重点。按照以往的惯例,控拜村每户人

作者简介

但文红,贵州师范大学教授,中国城市规划学会乡村规划与建设学术委员会委员。

家出资 100 元，全村共计 20 000 元，主要用于"招龙"祭祀用品的购买，由鼓藏头和祭师负责管理与支出。村里的每个银匠出资 500—2 000 元不等，筹集了 6 万元，主要用于开展银饰和刺绣比赛奖品的购买，由银匠选代表管理与使用。村委会积极向政府和社会各界申请捐助，筹集了 2 万元左右，主要用于娱乐活动和筹备活动支出，由村委会负责管理与支出。全寨 14 岁以上男子被分编为若干组，分别去维修寨内、村头路尾道路、龙池等。

接客。招龙节的前一天称为"接客日"。村寨里的每家每户都要在前几天广泛邀请亲朋好友一起来过节，尤其是娘舅家和姑妈家的亲戚，就是借此形成亲族汇聚的机会。到来的亲朋要携带礼物，一般是肉、鱼、鸭等，主要是当作节日期间的食物。亲朋们通常居住在主人家，男的随男主人去祭山"招龙"，女的随女主人在村边"接龙"，一起共同为主人家祈福，祝福主人家子孙兴旺。

仪式。举行"招龙"仪式必须是苗历的辰日，是公历的 2016 年 3 月 15 日。祭祀活动由子时开始，祭师带领全村的男子，带着祭物、芦笙、锣鼓等，先从村边维修好的龙池起沿着主峰脉象开始登山，沿途要插有白纸条剪成的"指路旗"，每走到一山山顶停下来插挂一吊白纸的"小龙人"，吹一场芦笙，到达主峰时逢卯时，即开始举行祭祀活动。主峰由鼓藏头和祭师主持，其他山峰由一般人主持。主峰祭物为黑猪 1 头、鹅 1 只、公鸡 1 只（白色）。招龙仪式开始，把酒、糯米饭、粑粑、公鸡（白色）置于地上，然后焚香化纸，祭师口中不停地念招龙词，不时用右手抓起一把米朝东方撒去，接着又抓一把米分别朝南、西、北方向撒去。此时，吹芦笙、击锣鼓、鸣鞭炮。其他山峰的人听见，立即用鹅、鸡（白色）等举行类似祭祀。祭师又念三遍招龙词，击锣鼓三下，才收拾祭物，接着各山峰的人先后跟随下山，一路上吹着芦笙、唱苗族飞歌、鸣鞭炮，祭师走在前头，他一边走一边撒米，不断念招龙词。随着主峰祭祀活动结束，招龙队伍下山，带"龙"回村，全村的妇女们乔装打扮，穿金戴银，手持牛角酒抵达祭龙坪的山路上，迎接招龙的队伍。每个妇女都要拉着队伍中的男性饮酒，直到自家的酒碗、酒坛都被喝完。到达祭龙坪，还要举行仪式，祭师高呼："龙到家家来，龙吃家家酒，家家发贵又发富。"最后问大家："是不是？"众人答："是"。又问："龙到各家各户没有？"众人答："到了。"随后，鸣鞭炮、吹芦笙、欢歌载舞，接龙进祭龙坪转几圈后，砍龙人手执大刀，迅速操刀朝猪颈砍去，一般只能砍两刀，操刀人便迅速爬上旁边事先准备好的楼梯，不准让龙看见。待猪倒地身亡后方能下来。这时，祭师将准备好的香纸蘸上龙血，分给各户迅速跑回家中，表示将龙引进家里。最后，在祭龙坪里支大铁锅，煮熟祭"龙"，均分给各户，招"龙"完毕。

娱乐。控拜村鼓藏头恪守传统，每次"吃牯藏"之后，直到"招龙节"，是禁止跳芦笙的，老人们解释：吃牯藏时，各家都支出很大，家底薄了，之后要好好辛苦干 3 年，不能老想着过节跳芦笙，所以，控拜村吃牯藏后到招龙节都不允许跳芦笙。招龙仪式举行之后，下午，鼓藏头带领芦笙队上鼓藏坪，举行跳芦笙仪式，从鼓藏坪再到芦笙场，大家转一圈，表示今后村里可以跳芦笙了。晚饭后，芦笙场里燃起篝火，村里的年轻女孩和妇女身着盛装，小伙子们身穿传统对襟蓝布服装，男子吹芦笙，女子按照四拍的节奏跳芦笙舞，直到深夜。

竞赛。控拜村民喜欢打篮球，每次盛大活动，都要举行篮球友谊赛。参赛的球队预先报名，自由组合，可以是本村的，也可以是外村、外县的（台江县），但前提是大家熟悉、控拜人也组队到他们村寨参加过比赛。分男子和女子组，分别设1、2、3等奖，奖金3 000—5 000元不等。一般都是在白天比赛，村里的年轻人都会去加油，获胜的球队得到大家的热烈追捧。近几年，受控拜村落文化保育项目的影响，村委会和银匠协会共同举办妇女的刺绣与银饰比赛。刺绣由村里的老年妇女和寨老打分，确定获奖名单，奖金300—500元。银饰由银匠协会的代表、寨老和部分控拜"文化"名人评选，也分为三个等次的奖励，奖金2 000—5 000元。

外来者。参与控拜招龙节的外来人主要分为四类：第一类是由在城市谋生的控拜人邀请来的客人，包括凯里学院的师生、从事民族文化研究和文创产品开发的专家；第二类是长期在控拜从事处理文化遗产保护的志愿者团队；第三类是闻讯而来的美术学院采风的学生；第四类是偶然遇到的游客和摄影爱好者。这些城市外来者都是以"看客"的身份参与整个招龙节活动，无论男女，都参加了祭山"招龙"的过程，在村边被妇女们灌酒。被控拜人邀请的，食宿在主人家。志愿者团队有固定的村民接待，支付食宿费。其他的外来学生、游客和摄影爱好者，吃方便面和搭帐篷解决食宿问题。

2 "交换"视阈

社会交换论（social exchange theory）由霍曼斯创立，是当代西方社会学理论流派之一，是一种行为主义社会心理学理论，强调对人和人的心理动机的研究，倡导个人是社会学研究的根本原则，认为人类的相互交往和社会联合是一种相互的交换过程。霍曼斯认为，人与人之间的互动基本上是一种交换过程，这种交换包括情感、报酬、资源、公正性等。在此基础上，布劳的研究实现了社会交换理论从微观向宏观的过渡。布劳发现，群体之间交往也受追求报酬的欲望支配，大致经历"吸引—竞争—分化—整合"过程。如果群体间的交换是平衡的，就会形成相互依赖的关系；如果是不平衡的，就会出现地位和权力的分化。当某一群体取得权力地位并与其他群体建立依从关系而且能有效地控制从属群体时，一个更大的整体也就形成了，人际交换中的公平性原则同样适用于群体间的交换。

经济交换正义性是指经济行为主体为了实现自己的利益和需要而在自愿平等的基础上

彼此之间互通有无、互利互惠的价值交换活动，是人们相互交换活动或劳动产品的过程，它是社会再生产过程中连接生产和消费的一个环节。经济交换正义，是对经济主体的交换行为、交换过程、交换内容等方面所进行的正义与否的价值评判和理性追问以及伦理规约，是交换行为主体在交换活动中应遵循的合乎理性和社会正义的价值标准与伦理原则。主要包括三个方面的正义性：一是对交换内容和对象的正义性询问；二是对交换手段和程序的正义性查审；三是对交换后果的互利性考量。

2.1 村民的"交换"

在招龙节中，"交换"体现在人与神、人与人和人与社会之间，是建构村落社区生活的重要组成部分，是传统文化得以传承的主要方式。

人与神（自然）的交换。全家每个成员都要参与招龙仪式，接龙到家，祈求多子多孙，风调雨顺，万事顺利。通过"身体参与"，经历祭祀和祈祷的仪式，家里的年轻人获得"神"的认可。为此，每户人家出资100元，只能用于祭祀和祈祷活动，不得用于其他，显示"人与神"之间的关系。

村民与村民的交换。男的上山招龙，女的在村里接龙，社会角色的确认与再认可；每一个男人都要喝女人们的敬酒，把龙交给她，使得人际之间的关系得到协调，获得文化的安全感，即使平时有矛盾的家庭，在招龙敬酒中，都要接受相互之间的敬酒，表示家庭之间紧张关系的结束。

村民与社区的交换。银匠们集资6万元用以开展村集体活动，获得了周边村民积极参与控拜招龙节，显示了控拜村作为苗疆"第一银匠村"的经济实力，延续了自1735年以来，控拜村在当地为"议榔"领袖的地位，得到了巨大的社区尊敬和村落社会声誉。为此，银匠自愿每人出资500—2 000元，同时管理这笔钱的使用，实现社会和经济的双重交换。

社区与政府的交换。村委会向乡政府和县政府相关部门申请活动举办的经费，一般各个部门都会给予500—2 000元的支持，以这种方式表达出"村委会"是公权力的代表。通常村委会如果不能筹集到活动经费，会被村民质疑，村干部们也会觉得今后很难开展工作。

村民与血亲之间的交换。招龙节期间，控拜村村民家家户户亲朋满座，各家各户以来客数量显示血亲关系的亲密与强大，亲友们带来做客的礼物，是亲友之间的一种交换和接济。

2.2 外来人的交换

外来人，是招龙节的旁观者，与村民和社区有完全相反的社会与经济交换。外来人基本上都是无神论者，不认为"招龙"就能带来子孙后代，体验一种异文化，睁着好奇的眼睛，是"看"的身份。在参与招龙过程中，也不会遵循村落的禁忌，女的跟着"招龙"的队伍上山，更是站在祭师的旁边拍照，男的拒绝喝"接龙"酒。在参与招龙节的祭祀仪式过程中，充满"娱乐"精神，没有村民们发自内心的神圣感与敬畏感。甚至有外来人对风水林的竹子产生兴趣，想砍回家做晾衣竿，给村民带来极大的不适应。在本次招龙节活动中，除了志愿者团队捐款 2 000 元以外，参加整个活动的 100 多外来者，没有人捐钱给村委会、银匠协会和寨老会。

3 "他者"与集体记忆

"他者"（the other）是相对于"自我"而言的，指自我以外的一切人与事物，"自我"依赖于与"他者"的比较，形成明显的"差异"得以成立。因此，外来者和村民们互为"他者"，外来者是村落文化的"镜子"，通过与"他者"相遇，村民逐渐"自信"或者"自卑"于自己的村落文化。

村落的集体记忆可以被视为社区共同记忆，是通过把某一共同保存的信息重新再现的集体活动，也称为文化集体记忆。村落中的文化活动都是构建和复现村落文化集体记忆的载体，使村落居民获得文化认同，是"唤起心灵之中所保存过去信息的行为"。

"招龙节"是村落社区整体的社会呈现，较为完整地体现了雷公山地区苗族历史、经验和象征文化。"招龙节"以祭祀和祈祷仪式为主，与村落过去的某些神话传说或事件有关，不仅是周期文化情景的简单再现，还蕴含着集体欢腾、群体认同、社区整合、信息及情感交流、提高居民和社区文化自觉等功能，成为唤醒和传承民族集体记忆的重要载体。在现代文化发展的影响下，加入篮球、银饰和刺绣比赛，表现出强烈的变迁的特征。村落的集体记忆在"招龙节"活动中代际之间活动的文化记忆，正在发生明显的变化，年轻人更喜欢比赛，老年人更喜欢祭祀和跳芦笙。村民在招龙节中以"交换"获得了村落文化集体记忆和行动的社会性与正义性，文化集体记忆被传递，文化身份被强化。

在"招龙节"集体活动中，"他者"成为村民新的记忆。外来者拿着各式各样的相机、录像机、手机，身穿各式羽绒服、保暖衣，可以拒绝喝酒，女人也跟着上山，村民们没有要求外来者必须尊重村落的传统与习俗。同时，外来者"看""招龙节"之后，学生们住在自己搭的帐篷里，到村民家中取水，吃自己带来的方便面，只是在"记录"。研究者和村里的老人们交谈，目的是挖掘"招龙节"的文化解说。旅游者带着惊奇的目光，在村里的银饰商店转悠，没有购买一件产品。代表外来文化的外来者，以"看"的心态和行为参与整个文化活动，村民第一次感受到不同文化价值的冲击，体验自有文化被轻视的感觉，年轻人更多地模仿物质丰富"他者"的文化行为，村落文化集体记忆出现代际之间的差异。

4 活态村落文化保育

"旧"与"新"的交替。在传统文化节日中产生的新文化活动,是村落文化发展的客观现象,也是村落文化生命力的体现。霍布斯鲍姆认为,建构文化记忆的节日与仪式是以变迁的形式出现的,在传统节日与仪式保留必要的形式之中,外来文化总是通过生活方式改变赋予节日活动新的含义,新的节日习俗在继承中发展演变,使得民族传统习俗融入现代生活。节日文化中蕴含着一个民族走向未来的精神动力,通过传统节日与现代节日文化的传递和发展,可以有效而自然地形成一个民族的凝聚力。

遵从传统文化仪式。通过遵从传统的文化仪式,去理解先民的思考方式、在每一阶段的生活方式及变迁的过程,延续村民的文化价值认同,实现村落文化集体记忆在代际之间的传递。各种祭祀、传统节日等集体活动,是制度化的文化仪式,蕴含着祭祀祖先、集体欢腾、群体认同、社区整合、信息及情感交流、提高居民和社区文化自觉等功能,注重其公共性、宗教性、娱乐性等特征,将文化传统与当代生活相结合,使村落延续文化的自然状态,保持村落文化景观的生命力。

村落文化集体选择。随着社会经济的发展,村落文化必须根据需求做出调整,与外来文化融合或对立,村落文化在传承过程中需要做出积极的选择。村落居民集体选择吸收外部影响的有益部分,以村落文化氛围的营造为核心,以融入现代生活形态作为最终目的,创造性地将村落文化集体记忆在代际间传递,进而可以更加充满想象和创造力地保持村落文化的生命力。

参考文献

[1]〔美〕本尼迪克特·安德森著,吴敏人译:《想象的共同体:民族主义的起源与散布》,上海人民出版社,2005年。
[2]〔英〕安德森等主编,李蕾蕾、张景秋译:《文化地理学手册》,商务印书馆,2009年。
[3]〔法〕德里达著,蒋梓骅译:《多义的记忆:为保罗德曼而作》,中央编译出版社,1999年。
[4]郭于华:《仪式与社会变迁》,社会科学文献出版社,2000年。
[5]〔法〕莫里斯·哈布瓦赫著,毕然、郭金华译:《论集体记忆》,上海人民出版社,2002年。
[6]〔英〕E.霍布斯鲍姆、T.兰格著,顾杭、庞冠群译:《传统的发明》,译林出版社,2004年。
[7]〔美〕菲利普·津巴多、迈克尔·利佩著,邓羽、肖莉、唐小艳译:《态度改变与社会影响》,人民邮电出版社,2008年。
[8]〔美〕保罗·康纳顿著,纳日碧力戈译:《社会如何记忆》,上海人民出版社,2000年。
[9]〔英〕迈克·克朗著,杨淑华、宋慧敏译:《文化地理学》,南京大学出版社,2007年。
[10]〔英〕布莱恩·S.特纳、克里斯·瑞杰克著,吴凯译:《社会与文化:稀缺和团结的原则》,北京大学出版社,2009年。
[11]〔美〕克莱德·伍兹著,施惟达、胡华生译:《文化变迁》,云南教育出版社,1989年。
[12]谢立中:《西方社会学名著提要》,江西人民出版社,2007年。

世间宁有杨州鹤

叶兆言

中国历史上的宋朝，军事乏善可陈，说起文化洋洋得意，随手捞个人都能评价。譬如有位叫王十朋的浙江人，定位著名政治家，46岁中状元，是文官，提到他不是为了主战，为了几首诗，为了一句"世间宁有杨州鹤，休讶人间食肉难"。

看来古人吃点肉也不容易，"杨州鹤"典出"腰缠十万贯，骑鹤下扬州"。把扬州的扬，写成"杨"，按照咬文嚼字标准，绝对错别字。不过古人眼里，这错误很风雅，有文化的表现。有人送了些腊猪肉给诗人杨万里，他一高兴，想起王十朋前辈，立刻赋诗一首，煞尾两句情不自禁，"却将一窝配两鳌，世间真有杨州鹤。"

非常想向古文字专家请教，天下分九州，扬州的"扬"究竟何意。厥土下湿而多生杨柳，《梦溪笔谈》说"扬州宜杨，荆州宜荆"。《扬州画舫录》进一步发挥，说扬州不仅"宜杨，在堤上者更大"。古人说杨，说来说去往往是柳，无非是扬州的柳树多，所以得名。

较起真来，杨是杨柳是柳。春风桃李花开日，羌笛何须怨杨柳，桃和李属蔷薇科，杨和树属杨柳科，桃李杨柳各有身份，眉毛胡子不能一把抓。写《本草纲目》的李时珍曾解释过，"杨枝硬而扬起，故谓之扬。柳枝弱而垂流，故谓之柳。"毛泽东当年写"我失骄杨君失柳，杨柳轻扬，直上重霄九"，传唱一时，他老人家显然知道杨与柳有别。

古诗中的"杨"基本上都是柳树之别名，杨花即柳絮，垂杨是柳条，说到杨树，前面要再加字，譬如白杨黑杨，譬如胡杨意杨。其实杨树的学问很大，江苏境内泗阳有个中国杨树博物馆，进去转一圈，知识立刻大长。馆前有几棵杨树，30多年前从意大利引进，高耸入云，两个人合抱不过来。

过去这些年，泗阳种植了60多万亩意杨，成片林海非常壮观。黄河故道上大片的人造林，听上去有点违背自然规律，可是在雾霾成灾的今天，每一片绿叶都有特殊意义。你还真想象不出比多种树更好的招数，杨树生长极快，意杨更快，简直就是杨树中的姚明同志。历史总会有些吊诡，想当年，此地老百姓面朝黄土背朝天，辛苦种粮食，吃不饱喝不足，现在很写意地多种杨树，日子便开始好过起来，食肉早已不难。

作者简介

叶兆言，著名作家，中国作家协会第九届全国委员会委员。

家有梧桐招凤凰，杨的本义从木从昜，"昜"意为播散，是一种可以乘风远播的树木。意杨来自遥远的意大利，正暗合古意。古人骑鹤下扬州，仙鹤飞过来，歇在柳枝上不太合适，必须是高大向上的杨树。因此，古"扬州"命名，真与树种有关，我更倾向硬而扬起的杨树，不选择弱而垂流的柳树。